Überblickswissen Mathematik – Ein Crashkurs für Studierende anderer Fächer

Stephan Mescher

Überblickswissen Mathematik Ein Crashkurs für Studierende anderer Fächer

Stephan Mescher
Institut für Mathematik
Martin-Luther-Universität Halle-Wittenberg
Halle (Saale), Deutschland

ISBN 978-3-662-70897-2   ISBN 978-3-662-70898-9 (eBook)
https://doi.org/10.1007/978-3-662-70898-9

Die Deutsche Nationalbibliothek verzeichnet diese Publikation in der Deutschen Nationalbibliografie; detaillierte bibliografische Daten sind im Internet über https://portal.dnb.de abrufbar.

© Der/die Herausgeber bzw. der/die Autor(en), exklusiv lizenziert an Springer-Verlag GmbH, DE, ein Teil von Springer Nature 2025

Das Werk einschließlich aller seiner Teile ist urheberrechtlich geschützt. Jede Verwertung, die nicht ausdrücklich vom Urheberrechtsgesetz zugelassen ist, bedarf der vorherigen Zustimmung des Verlags. Das gilt insbesondere für Vervielfältigungen, Bearbeitungen, Übersetzungen, Mikroverfilmungen und die Einspeicherung und Verarbeitung in elektronischen Systemen.
Die Wiedergabe von allgemein beschreibenden Bezeichnungen, Marken, Unternehmensnamen etc. in diesem Werk bedeutet nicht, dass diese frei durch jede Person benutzt werden dürfen. Die Berechtigung zur Benutzung unterliegt, auch ohne gesonderten Hinweis hierzu, den Regeln des Markenrechts. Die Rechte des/der jeweiligen Zeicheninhaber*in sind zu beachten.
Der Verlag, die Autor*innen und die Herausgeber*innen gehen davon aus, dass die Angaben und Informationen in diesem Werk zum Zeitpunkt der Veröffentlichung vollständig und korrekt sind. Weder der Verlag noch die Autor*innen oder die Herausgeber*innen übernehmen, ausdrücklich oder implizit, Gewähr für den Inhalt des Werkes, etwaige Fehler oder Äußerungen. Der Verlag bleibt im Hinblick auf geografische Zuordnungen und Gebietsbezeichnungen in veröffentlichten Karten und Institutionsadressen neutral.

Springer Spektrum ist ein Imprint der eingetragenen Gesellschaft Springer-Verlag GmbH, DE und ist ein Teil von Springer Nature.
Die Anschrift der Gesellschaft ist: Heidelberger Platz 3, 14197 Berlin, Germany

Wenn Sie dieses Produkt entsorgen, geben Sie das Papier bitte zum Recycling.

In Erinnerung an Heinz Mescher (1944–2024)

Vorwort

Dieses Buch ist eine leicht gekürzte Ausarbeitung meines Skripts zu einer Vorlesung in Mathematik für Studierende der Agrarwissenschaften, die ich im Sommersemester 2023 an der Martin-Luther-Universität Halle-Wittenberg gehalten habe. In dieser Vorlesung hatte ich die Aufgabe, in 90 min pro Woche über 14 Wochen hinweg den Studierenden alle Grundlagen der Analysis, der linearen Algebra und der linearen Optimierung zu vermitteln, die sie unter anderem für Anwendungen in der landwirtschaftlichen Betriebslehre und der Biometrie benötigen. Wie Sie sich vorstellen können, ist hierbei die Stoffauswahl kein leichtes Unterfangen. Zwar gibt es viele mathematische Lehrbücher für Studierende anderer Fächer, allerdings sind diese meist sehr umfangreich. Für Studierende kann es daher unter Umständen schwierig sein, die für sie relevanten Teile dieser Lehrbücher zu extrahieren. Aus diesem Grund möchte ich die Literatur hiermit um ein Buch ergänzen, das die mathematischen Grundlagen für Anwender auf das Wesentliche reduziert. Es ist als ein sehr pragmatischer Durchgang durch die wichtigsten Themen aus Analysis, linearer Algebra und linearer Optimierung angelegt und kann als Begleitbuch einer Vorlesung oder zum Selbststudium genutzt werden. Gerade im Hinblick auf Letzteres habe ich versucht, alle Themen mit ausführlichen Erklärungen in Textform zu präsentieren. Die Auswahl der Themen ist hierbei natürlich subjektiv und mit den Bedürfnissen der Studierenden aus meiner Vorlesung im Hinterkopf entstanden. Aufgrund der ursprünglichen Zielgruppe meiner Vorlesung haben viele Beispiele Bezug zur Landwirtschaft, es wird jedoch kein landwirtschaftliches Vorwissen dafür benötigt. Alle vier Kapitel enden mit einem kurzen Abschnitt, der Übungsaufgaben zu den Themen des Kapitels enthält, welche ich allen ans Herz legen möchte, die die

Inhalte dieses Buches wirklich verstehen wollen. Ich hoffe, dass Ihnen dieses Buch bei Ihren Studien hilft.

Ein besonderer Dank gilt Dr. Hans-Georg Rackwitz, der die Vorlesung vor mir lange Zeit gehalten hat und dessen Vorlesungsunterlagen mir sehr geholfen haben. Für ihre Unterstützung und die gute Zusammenarbeit danke ich den Übungsleiterinnen Mara Jakob und Dr. Imke Toborg. Bei der Konzeption und Themenauswahl zur Vorlesung habe ich sehr vom hilfreichen Austausch mit Prof. Dr. Norbert Hirschauer profitiert, bei dem ich mich für seine Zeit und Expertise bedanken möchte. Für Kommentare und Rückmeldungen zum Vorlesungsskript danke ich zudem Prof. Dr. Mathias Wilke und Dr. Mathias Grimm sowie Klara Jordan und allen weiteren Studierenden, die mich auf Fehler und Ungereimtheiten in meinem Vorlesungsskript hingewiesen haben. Weiterhin danke ich Veronika Erdmann vom Springer-Verlag, die dieses Buchprojekt konstruktiv begleitet hat.

Halle
im Mai 2025

Stephan Mescher

Literaturempfehlungen

Grundsätzlich sollten die meisten Inhalte dieses Buches in allen gängigen Lehrbüchern zur Mathematik für Studierende der Wirtschafts- oder Ingenieurswissenschaften behandelt werden. Die folgenden Buchhinweise sind daher nur als Anregungen zu verstehen.

Lehrbücher

- Lothar Papula, *Mathematik für Ingenieure und Naturwissenschaftler, Band 1,* 16. Auflage, Springer, 2024.
- Lothar Papula, *Mathematik für Ingenieure und Naturwissenschaftler, Band 2,* 14. Auflage, Springer, 2015.
- Hans M. Dietz, *Mathematik für Wirtschaftswissenschaftler,* Band 1: Grundlagen und mehrdimensionale Analysis, 3. Auflage, Springer, 2019.
- Hans M. Dietz, *Mathematik für Wirtschaftswissenschaftler,* Band 2: Lineare Algebra und Optimierung, 3. Auflage, Springer, 2019.
- Tilo Arens et al., *Mathematik,* 5. Auflage, Springer, 2022.
- Edmund Weitz, *Konkrete Mathematik (nicht nur) für Informatiker,* 2. Auflage, Springer, 2021.
- zu Abschn. 1.2: Bernd Luderer, *Starthilfe Finanzmathematik,* 4. Auflage, Springer, 2015.
- zu Kap. 3: Jens Kunath, *Reelle Matrizen, Vektoren und lineare Abbildungen,* Springer, 2022.

Aufgabensammlungen und Bücher mit vielen Beispielen

- Gabriele Adams et al., *Mathematik zum Studieneinstieg*, 7. Auflage, Springer, 2019.
- Lothar Papula, *Mathematik für Ingenieure und Naturwissenschaftler – Klausur- und Übungsaufgaben*, 6. Auflage, Springer, 2020.
- Klaus Höllig, Jörg Hörner, *Aufgaben und Lösungen zur Höheren Mathematik 1*, 4. Auflage, Springer, 2023.
- Klaus Höllig, Jörg Hörner, *Aufgaben und Lösungen zur Höheren Mathematik 2*, 4. Auflage, Springer, 2023.

Wiederholung der Schulmathematik

- Klaus Dürrschnabel et al., *So viel Mathe muss sein!*, 2. Auflage, Springer, 2023.

Inhaltsverzeichnis

1	**Grundlagen**	1
	1.1 Mengen und Zahlbereiche	1
	1.2 Anwendung: Zinsrechnung	20
	1.3 Aufgaben zu Kap. 1	36
2	**Funktionen und Analysis**	39
	2.1 Abbildungen und Funktionen	39
	2.2 Exponentialfunktionen und Logarithmen	51
	2.3 Differenzierbare Funktionen	59
	2.4 Partielle Ableitungen	78
	2.5 Integrale reeller Funktionen	88
	2.6 Aufgaben zu Kap. 2	97
3	**Elementare lineare Algebra**	101
	3.1 Lineare Gleichungssysteme und Matrizen	101
	3.2 Lösungsmengen linearer Gleichungssysteme	113
	3.3 Lösungsverfahren für lineare Gleichungssysteme	127
	3.4 Aufgaben zu Kap. 3	143
4	**Lineare Optimierung**	147
	4.1 Standardmaximumprobleme in zwei Variablen	147
	4.2 Der Simplexalgorithmus	157
	4.3 Aufgaben zu Kap. 4	174
Stichwortverzeichnis		177

Abbildungsverzeichnis

Abb. 2.1	Der Graph einer linearen Interpolationsfunktion	47
Abb. 2.2	Die Sekante des Graphen von f durch die Punkte $(x, f(x))$ und $(a, f(a))$	60
Abb. 2.3	Der Graph einer monoton steigenden Funktion	68
Abb. 2.4	Der Graph einer streng monoton steigenden Funktion	69
Abb. 2.5	Der Graph einer monoton fallenden Funktion	69
Abb. 2.6	Der Graph einer streng monoton fallenden Funktion	69
Abb. 2.7	Eine Funktion, die ein lokales Maximum besitzt, welches kein Maximum ist	71
Abb. 2.8	Der Graph von $f : [1, 4] \to \mathbb{R}, f(x) = x^2 - 4x + 1$	72
Abb. 2.9	Ein Minimum, das an den Vorzeichen der Ableitung zu erkennen ist	74
Abb. 2.10	Der Graph von $f(x) = xe^{4x}$	75
Abb. 2.11	Der Graph der Funktion $f(x, y) = x^2 + y^2$	83
Abb. 2.12	Der Graph der Funktion $f(x, y) = -x^2 + y^2$	84
Abb. 2.13	Der Graph der Funktion $f(x, y) = -x^3 + 2y^2$	84
Abb. 2.14	Die Fläche A_f unterhalb des Graphen einer Funktion f	88
Abb. 2.15	Eine Annäherung der Fläche unterhalb eines Graphen durch Rechtecke	89
Abb. 2.16	Die Annäherung eines Integrales mithilfe der Trapezregel	93
Abb. 4.1	Eine Halbebene, die von einer Geraden beschränkt wird	153
Abb. 4.2	Das Problem aus Motivation 4.1	154
Abb. 4.3	Das Problem aus Motivation 4.2	155
Abb. 4.4	Grafische Optimierung des Problems aus Motivation 4.2	156
Abb. 4.5	Grafische Optimierung des Problems aus Motivation 4.1	157
Abb. 4.6	Die Ecken eines Standardmaximumproblems am Beispiel von Motivation 4.2	170

1 Grundlagen

Zunächst werden wir einige Grundlagen zu Mengenlehre, Zahlbereichen und dem Rechnen mit Gleichungen und Ungleichungen behandeln, die wir im Gegensatz zur Schulmathematik über den formalen Zugang der universitären Mathematik einführen. In einem anschließenden Abschnitt werden wir diesen Zugang und die Inhalte des ersten Abschnitts dann anhand von Anwendungen in der Zinsrechnung einüben und dabei allgemeine Rechengesetze für verschiedene Verzinsungsarten herleiten.

1.1 Mengen und Zahlbereiche

Um in der Mathematik den Überblick zu behalten, ist es wichtig, die Struktur der Argumentation zu verstehen. Deshalb werden wir große Teile des Buches in Absätze untergliedern, die wir in folgende Kategorien unterteilen und durchnummerieren:

- In einer **Definition** werden neue Begriffe oder Schreibweisen eingeführt. Definitionen enthalten jedoch keine neuen mathematischen Aussagen wie etwa Gleichungen oder Ungleichungen.
- In einem **Satz** werden wahre mathematische Aussagen formuliert, die fortan gültig sind und verwendet werden können.
- In Vorlesungen für Mathematikstudierende gehört zu jedem Satz auch ein **Beweis**, in dem formal logisch bewiesen wird, dass die Aussage stimmt. Dies werden wir hier jedoch nur selten tun, da unser Fokus auf konkreten Anwendungen und Rechentechniken liegt.

- Als **Rechenregeln** bezeichnen wir Gleichungen, die wir vor allem dafür benutzen, um kompliziertere Gleichungen umzuformen oder nach einer Variablen aufzulösen.
- Eine **Bemerkung** enthält zusätzliche Aussagen oder Anmerkungen, die für den Fortgang nicht unbedingt notwendig sind, die aber beim Verständnis helfen können oder anderweitig interessant sind.
- In einem **Beispiel** werden wir üblicherweise eine Definition verdeutlichen oder einen Satz konkret anwenden und Rechnungen damit durchführen.
- In einer **Anwendung** werden wir einen oder mehrere Sätze benutzen, um neue Formeln oder Aussagen in konkreteren Situationen herzuleiten. Eine Anwendung ist dabei komplexer oder allgemeiner als ein einfaches Beispiel.
- Gelegentlich werden Sie eine **Motivation** finden. In einer solchen präsentieren wir ein konkretes Rechenproblem oder eine Anwendung, die wir im Laufe des Kapitels mit den neu eingeführten Methoden „knacken" wollen.

Nun aber zur Mathematik. Wir beginnen mit dem vielleicht elementarsten Begriff der gesamten Mathematik: eine *Menge* ist eine Zusammenstellung von Objekten mit bestimmten Eigenschaften.

Es gibt grundsätzlich zwei unterschiedliche Weisen, eine Menge aufzuschreiben, wobei in beiden geschweifte Klammern verwendet werden. Zum einen gibt es die *aufzählende Schreibweise*, bei der die Elemente einer Menge aufgelistet werden. Beispiele dafür sind

$$M_1 = \{\text{Schere, Stein, Papier}\},$$
$$M_2 = \{\text{Halle (Saale), Magdeburg, Dessau-Roßlau, Wittenberg}\}$$
$$M_3 = \{2, 4, 6, 8, 10\},$$
$$M_4 = \{1, 2, \ldots, 100\}.$$

Hierbei bedeutet die Schreibweise M_i, wobei i eine Zahl ist, nur, dass wir unterschiedliche Mengen betrachten, die wir, um uns nicht immer neue Namen ausdenken zu müssen, einfach durchnummerieren. Das i wird dabei auch der *Index* von M_i genannt. Auf ähnliche Weise werden wir Zahlen, Funktionen und andere Objekte mit Indizes versehen, wenn wir sie benennen und durchnummerieren wollen.

Bemerkung 1.1

(1) Die Reihenfolge der Elemente spielt in einer aufzählend beschriebenen Menge keine Rolle. Zum Beispiel ist $\{1, 2, 3\} = \{2, 3, 1\} = \{3, 2, 1\}$.

(2) Jedes Element taucht nur einmal in der Menge auf, da es nur darum geht, ob es in der Menge ist oder nicht. Zum Beispiel ist $\{1, 1, 2, 3\} = \{1, 2, 3\}$.

Die zweite Möglichkeit, Mengen anzugeben, ist die *beschreibende Schreibweise*. Wollen wir die Menge aller Objekte beschreiben, die eine bestimmte Eigenschaft E haben, so drücken wir dies formal aus durch[1]

$$M = \{x \mid x \text{ hat die Eigenschaft } E\}.$$

Beispiele dafür sind die folgenden Mengen:

$$M_5 = \{x \mid x \text{ ist landwirtschaftlicher Betrieb in Deutschland}\},$$
$$M_6 = \{x \mid x \text{ ist eine natürliche Zahl mit } 2 \leq x \leq 5\}.$$

Die Mengen, die wir oben in aufzählender Schreibweise angegeben haben, lassen sich genauso in beschreibender Schreibweise ausdrücken:

$M_1 = \{x \mid x$ ist eine Wahlmöglichkeit bei Schere-Stein-Papier$\}$,
$M_2 = \{x \mid x$ ist eine Stadt in Sachsen-Anhalt mit mindestens 40.000 Einwohnern$\}$,
$M_3 = \{x \mid x$ ist eine gerade Zahl zwischen 2 und 10$\}$,
$M_4 = \{x \mid x$ ist eine natürliche Zahl zwischen 1 und 100$\}$.

Umgekehrt können wir die Menge M_6 auch in aufzählender Schreibweise angeben als
$$M_6 = \{2, 3, 4, 5\}.$$

M_5 könnten wir theoretisch ebenfalls in aufzählender Weise schreiben, in dem wir alle landwirtschaftlichen Betriebe hintereinander auflisten. Sie werden sicher verstehen, dass wir dies überspringen werden …

Bemerkung 1.2 Beide Beschreibungsweisen von Mengen haben Vor- und Nachteile:

- Für einfache oder kleine Mengen ist die beschreibende Schreibweise manchmal unnötig kompliziert, wie man etwa an M_1 sehen kann.
- Andersherum ist die beschreibende Schreibweise oft deutlich kürzer als die aufzählende, wie man an M_6 sehen kann.

---

[1] Hierbei ist das x nur ein Name und kann natürlich durch ein anderes Symbol ersetzt werden.

- Die beschreibende Schreibweise verrät uns oft mehr über die Eigenschaften der Elemente der Menge als die aufzählende, wie man an M_2 sehen kann.
- Die beschreibende Schreibweise ist präziser, da man mit ihr auf Beschreibungen durch „..." verzichten kann, die nur anhand von Intuition gefüllt werden können. Dies sieht man am Beispiel von M_4.

Definition 1.3 Sei M eine Menge.

a) Die in M enthaltenen Objekte heißen *Elemente von* M. Ist ein Objekt x in M enthalten, so schreiben wir

$$x \in M \qquad \text{(gesprochen: „}x\text{ Element }M\text{")}.$$

Ist x nicht in M enthalten, so schreiben wir $x \notin M$.

b) Eine Menge A heißt *Teilmenge von* M, wenn jedes Element von A auch ein Element von M ist, wenn also für jedes $x \in A$ gilt, dass $x \in M$. Ist A Teilmenge von M, so schreiben wir

$$A \subset M \qquad \text{(auch gängig: } A \subseteq M\text{)}.$$

c) Die *leere Menge* wird mit $\emptyset$ oder auch $\{\}$ bezeichnet und ist die Menge, die *kein* Element enthält.[2]

Für eine Teilmenge A einer gegebenen Menge M gibt es eine praktische beschreibende Schreibweise. Wird A durch eine Eigenschaft E charakterisiert, so schreiben wir A als

$$A = \{x \in M \mid x \text{ hat die Eigenschaft } E\}.$$

Diese Schreibweise unterscheidet sich von der Schreibweise für allgemeine Mengen dadurch, dass bereits vor dem senkrechten Strich angegeben wird, aus welcher Grundmenge wir Elemente auswählen.

Die für uns wichtigsten Mengen sind die grundlegenden Mengen von Zahlen, die Sie bereits aus der Schule kennen und die wir in der folgenden Definition zusammenfassen.

---

[2] Diese Definition mag vielleicht überflüssig aussehen, ist jedoch tatsächlich nützlich, wenn es etwa um Lösungsmengen von Gleichungen geht.

Definition 1.4 (Zahlbereiche).

a) Die *Menge der natürlichen Zahlen* ist die Menge
$$\mathbb{N} = \{1, 2, 3, 4, 5, \dots\}.$$

b) Die *Menge der ganzen Zahlen* ist die Menge
$$\mathbb{Z} = \{\dots, -3, -2, -1, 0, 1, 2, 3, \dots\}.$$

c) Die *Menge der rationalen Zahlen* ist die Menge der Ausdrücke der Form[3]
$$\mathbb{Q} = \left\{\frac{m}{n} \;\middle|\; m, n \in \mathbb{Z},\; n \neq 0\right\}.$$

Die für uns vielleicht wichtigste Menge ist

die Menge der reellen Zahlen, die wir mit $\mathbb{R}$ bezeichnen.

Diese formal zu definieren ist tatsächlich nicht so einfach, weshalb wir uns hier damit begnügen zu sagen, dass $\mathbb{R}$ den unendlichen Zahlenstrahl beschreibt.

Bemerkung 1.5 Anhand der Definition sehen wir unmittelbar, dass $\mathbb{N} \subset \mathbb{Z}$. Außerdem gilt für jedes $k \in \mathbb{Z}$, dass $k = \frac{k}{1} \in \mathbb{Q}$, woraus $\mathbb{Z} \subset \mathbb{Q}$ folgt. Aus der Schule wissen Sie, dass wir $\mathbb{Q}$ als Teilmenge der reellen Zahlen betrachten können. Diese Teilmengeneigenschaften können wir zusammengefasst schreiben als
$$\mathbb{N} \subset \mathbb{Z} \subset \mathbb{Q} \subset \mathbb{R}.$$

Bevor wir weitermachen, wollen wir einen wichtigen Typ von Teilmengen der reellen Zahlen einführen. Hierbei setzen wir im Folgenden die Bedeutungen der Symbole

$\leq$ (kleiner oder gleich), $\geq$ (größer oder gleich), $<$ (kleiner als) oder $>$ (größer als)

als bekannt voraus.

---

[3] Hierbei sind wir etwas ungenau, da aus dieser Definition von $\mathbb{Q}$ nicht hervorgeht, dass zum Beispiel $\frac{1}{2} = \frac{2}{4}$ gilt. Hierfür werden wir später in den Rechenregeln 1.13 noch eine genaue Regel etablieren.

Definition 1.6 Seien $a, b \in \mathbb{R}$ mit $a \leq b$.

a) Wir betrachten die folgenden Teilmengen der reellen Zahlen:
$$[a, b] = \{x \in \mathbb{R} \mid a \leq x \leq b\},$$
$$(a, b) = \{x \in \mathbb{R} \mid a < x < b\},$$
$$[a, b) = \{x \in \mathbb{R} \mid a \leq x < b\},$$
$$(a, b] = \{x \in \mathbb{R} \mid a < x \leq b\}.$$

b) Weiterhin betrachten wir
$$[a, +\infty) = \{x \in \mathbb{R} \mid x \geq a\},$$
$$(a, +\infty) = \{x \in \mathbb{R} \mid x > a\},$$
$$(-\infty, b] = \{x \in \mathbb{R} \mid x \leq b\},$$
$$(-\infty, b) = \{x \in \mathbb{R} \mid x < b\}.$$

Eine Teilmenge von $\mathbb{R}$ heißt *Intervall*, wenn sie von einer der in a) und b) eingeführten Formen ist.

Bemerkung 1.7

(1) Statt runder Klammern verwenden viele Lehrbücher auch eckige Klammern, die genau spiegelverkehrt eingesetzt werden. Es wird also zum Beispiel statt $(a, b]$ auch $]a, b]$, statt (a, b) auch $]a, b[$ geschrieben und ähnlich für die anderen Intervalle.
(2) Anschaulich handelt es sich bei Intervallen um *lückenlose* Teilmengen des Zahlenstrahls. Der Typ der Klammer (rund oder eckig) gibt dabei an, ob der jeweilige Endpunkt dieser Teilmenge im Intervall enthalten ist (eckig) oder nicht (rund).

Als Kurznotation führen wir zwei gängige mathematische Symbole ein, die zwischen zwei mathematischen Aussagen stehen können:

- $\wedge$ bedeutet „*und*", wenn wir ausdrücken wollen, dass beide Aussagen wahr sind.
- $\vee$ bedeutet „*oder*", wenn wir ausdrücken wollen, dass eine von zwei Aussagen gilt.[4]

---

[4] Um die Symbole für „und" und „oder" nicht zu verwechseln, gibt es eine einfache Eselsbrücke: das Symbol für „**u**nd" ist **u**nten offen, das Symbol für „**o**der" ist **o**ben offen.

Achtung: In der Mathematik ist mit „oder" nicht gemeint, dass *entweder* die eine *oder* die andere Aussage gilt, sondern, dass *mindestens eine* der beiden Aussagen wahr ist, es können aber auch beide wahr sein.

Die Benutzung dieser Symbole wird im Laufe des Buches an Beispielen deutlich werden. Zunächst werden wir sie in der folgenden Definition verwenden.

Definition 1.8 (Mengenoperationen). Seien A und B zwei Mengen.

a) Die *Vereinigung von A und B* ist die Menge

$$A \cup B = \{x \mid x \in A \lor x \in B\} \qquad \text{(gesprochen: „}A\text{ vereinigt }B\text{")}.$$

b) Die *Schnittmenge von A und B* ist die Menge

$$A \cap B = \{x \mid x \in A \land x \in B\} \qquad \text{(gesprochen: „}A\text{ geschnitten }B\text{")}.$$

c) Die *Differenzmenge von A und B* ist die Menge

$$A \setminus B = \{x \mid x \in A \land x \notin B\} \qquad \text{(gesprochen: „}A\text{ ohne }B\text{")}.$$

Aus dieser Definition heraus lassen sich ebenfalls Vereinigungen und Schnittmengen von mehr als zwei Mengen definieren, indem wir sie als Hintereinanderausführung der Vereinigung bzw. des Schnitts von zwei Mengen betrachten: sind A, B und C Mengen, so betrachte

$$A \cup B \cup C = (A \cup B) \cup C, \qquad A \cap B \cap C = (A \cap B) \cap C,$$

und analog für eine beliebige Anzahl an Mengen. Hierbei überzeugt man sich leicht davon, dass die Position der Klammern keine Rolle spielt, dass also $(A \cup B) \cup C = A \cup (B \cup C)$ und $(A \cap B) \cap C = A \cap (B \cap C)$ gelten usw.

Beispiel 1.9

(1) Sei $A = \{1, 2, 3\}$ und $B = \{2, 3, 4\}$. Dann erhalten wir:

$$A \cup B = \{1, 2, 3, 4\},$$
$$A \cap B = \{2, 3\},$$
$$A \setminus B = \{1\},$$
$$B \setminus A = \{4\}.$$

(2) Seien $a, b \in \mathbb{R}$. Ist $a \leq b$, so gilt, dass

$$\begin{aligned}(-\infty, b] \cap [a, +\infty) &= \{x \in \mathbb{R} \mid x \in (-\infty, b] \wedge x \in [a, +\infty)\} \\ &= \{x \in \mathbb{R} \mid x \leq b \wedge x \geq a\} \\ &= \{x \in \mathbb{R} \mid a \leq x \leq b\} \\ &= [a, b].\end{aligned}$$

Ist $a > b$, so ist hingegen $(-\infty, b] \cap [a, +\infty) = \emptyset$, da es kein $x \in \mathbb{R}$ gibt, welches gleichzeitig die Bedingungen $x \leq b$ und $x \geq a$ erfüllt.

Im Folgenden gehen wir davon aus, dass Sie mit den üblichen Rechenregeln der Grundrechenarten aus der Schule vertraut sind. Insbesondere setzen wir die folgenden elementaren Regeln voraus.

Rechenregeln 1.10 (Gesetze der Addition und Multiplikation reeller Zahlen).

(i) *(Assoziativgesetz der Addition)* Für alle $a, b, c \in \mathbb{R}$ gilt

$$(a + b) + c = a + (b + c).$$

(ii) *(Kommutativgesetz der Addition)* Für alle $a, b \in \mathbb{R}$ gilt $a + b = b + a$.

(iii) *(Assoziativgesetz der Multiplikation)* Für alle $a, b, c \in \mathbb{R}$ gilt

$$(a \cdot b) \cdot c = a \cdot (b \cdot c).$$

(iv) *(Kommutativgesetz der Multiplikation)* Für alle $a, b \in \mathbb{R}$ gilt $a \cdot b = b \cdot a$.

(v) *(Distributivgesetz)* Für alle $a, b, c \in \mathbb{R}$ gilt $a \cdot (b + c) = a \cdot b + a \cdot c$.

Die Rechenregeln übertragen sich leicht auf die Addition und Multiplikation von mehr als zwei Zahlen. Die genauen Formulierungen der entsprechenden Aussagen ersparen wir Ihnen.

Bemerkung 1.11 Da die Subtraktion zweier reeller Zahlen nichts anderes ist als die Addition von zwei reellen Zahlen (es gilt $a - b = a + (-b)$) und da Division nichts anderes ist als die Multiplikation mit dem Kehrwert, übertragen sich alle behandelten und noch folgenden Rechenregeln für Addition und Multiplikation auf die anderen beiden Grundrechenarten.

Aus den Rechenregeln 1.10 lassen sich die folgenden Gleichungen für Produkte von Summen und Differenzen herleiten.

Satz 1.12 (Binomische Formeln). *Für alle $a, b \in \mathbb{R}$ gilt:*

(1) $(a + b)^2 = a^2 + 2ab + b^2$.
(2) $(a - b)^2 = a^2 - 2ab + b^2$.
(3) $(a + b) \cdot (a - b) = a^2 - b^2$.

Besondere Schwierigkeiten bereiten beim praktischen Rechnen oft Brüche, da diese sich nur addieren lassen, indem sie „auf einen Nenner" gebracht werden. Daher wollen wir die Rechenregeln für Brüche einmal explizit formulieren.

Rechenregeln 1.13 (Brüche).

(i) *(Addition bei gleichem Nenner)* Für alle $a, b, c \in \mathbb{R}$ mit $c \neq 0$ gilt

$$\frac{a}{c} + \frac{b}{c} = \frac{a+b}{c}.$$

(ii) *(Addition bei unterschiedlichen Nennern)* Für alle $a, b, c, d \in \mathbb{R}$ mit $c \neq 0$ und $d \neq 0$ gilt

$$\frac{a}{c} + \frac{b}{d} = \frac{a \cdot d + b \cdot c}{c \cdot d}.$$

(iii) *(Multiplikation)* Für alle $a, b, c, d \in \mathbb{R}$ mit $c \neq 0$ und $d \neq 0$ gilt

$$\frac{a}{c} \cdot \frac{b}{d} = \frac{a \cdot b}{c \cdot d}.$$

(iv) *(Division)* Für alle $a, b, c, d \in \mathbb{R}$ mit $b \neq 0$, $c \neq 0$ und $d \neq 0$ gilt

$$\frac{a}{c} : \frac{b}{d} = \frac{\frac{a}{c}}{\frac{b}{d}} = \frac{a \cdot d}{b \cdot c}.$$

(v) *(Kürzungsregel)* Für alle $a, b, c \in \mathbb{R}$ mit $b \neq 0$ und $c \neq 0$ gilt

$$\frac{c \cdot a}{c \cdot b} = \frac{a}{b}.$$

In der Schulmathematik lernt man viel über das Umformen und die Bestimmung der Lösungsmengen von Gleichungen. Über das Umformen von

*Un*gleichungen erfährt man jedoch ziemlich wenig. In einer Ungleichung wird das Gleichheitszeichen durch eine der Bedingungen $\leq$, $\geq$, $<$ oder $>$ ersetzt. Ungleichungen lassen sich in den meisten Fällen analog zu Gleichungen behandeln und umformen, was wir in den folgenden Regeln zusammenfassen.

Rechenregeln 1.14 (Umformungsregeln für Ungleichungen).

(i) Sind $a, b, c \in \mathbb{R}$ mit $a \leq b$, so gilt $\quad a + c \leq b + c$.
(ii) Sind $a, b, c \in \mathbb{R}$ mit $a \leq b$ und $c > 0$, so gilt $\quad c \cdot a \leq c \cdot b$.
(iii) Sind $a, b, c \in \mathbb{R}$ mit $a \leq b$ und $c < 0$, so gilt $\quad c \cdot a \geq c \cdot b$.

Alle drei Regeln gelten genauso, wenn in den Ungleichungen $\leq$ durch $<$ und $\geq$ durch $>$ ersetzt wird.

Bemerkung 1.15 Insbesondere folgt aus Rechenregel 1.14.(iii), indem wir $c = -1$ wählen: Sind $a, b \in \mathbb{R}$ mit $a \leq b$, so ist $-a \geq -b$.

Die Umformungsregeln für Ungleichungen zeigen, dass wir Ungleichungen analog zu Gleichungen durch Addieren, Subtrahieren, Multiplizieren und Dividieren von Ausdrücken in eine Form bringen können, aus der sich die Lösungsmenge ablesen lässt und für die diese mit der Lösungsmenge der Ausgangsungleichung übereinstimmt. Wir müssen dabei aber beachten, dass sich bei der Multiplikation und Division mit negativen Zahlen die Richtung der Ungleichung umkehrt!

Beispiel 1.16

(1) Wir wollen die Lösungsmenge der Ungleichung $2x - 7 \leq x + 5$ bestimmen. Dazu berechnen wir:

$$\begin{aligned} & 2x - 7 \leq x + 5 \quad & | + 7 \\ \Leftrightarrow \quad & 2x \leq x + 12 \quad & | - x \\ \Leftrightarrow \quad & x \leq 12 \\ \Leftrightarrow \quad & x \in (-\infty, 12]. \end{aligned}$$

Also ist die Lösungsmenge der Gleichung genau $(-\infty, 12]$.
(Der *Äquivalenzpfeil* „$\Leftrightarrow$" bedeutet hierbei, dass die folgende Ungleichung genau dann erfüllt ist, wenn die Ungleichung darüber erfüllt ist, dass beide Ungleichungen also dasselbe aussagen.)

(2) Wir wollen die Lösungsmenge von $\frac{x+3}{5} \leq 2x + 1$ bestimmen. Dazu berechnen wir:

$$\begin{aligned}
& \frac{x+3}{5} \leq 2x + 1 && | \cdot 5 \\
\Leftrightarrow\ & x + 3 \leq 5 \cdot (2x + 1) && | \text{ Ausmultiplizieren} \\
\Leftrightarrow\ & x + 3 \leq 10x + 5 && | -x \\
\Leftrightarrow\ & 3 \leq 9x + 5 && | -5 \\
\Leftrightarrow\ & -2 \leq 9x && | :9 \\
\Leftrightarrow\ & -\frac{2}{9} \leq x \\
\Leftrightarrow\ & x \in \left[-\frac{2}{9}, +\infty\right).
\end{aligned}$$

Damit erhalten wir die Lösungsmenge der Ungleichung als $[-\frac{2}{9}, +\infty)$.

(3) Betrachten wir nun die Ungleichung

$$\frac{4}{x+2} \leq 3.$$

Hier fällt uns zunächst auf, dass der Bruch auf der linken Seite nur Sinn ergibt, wenn der Nenner nicht verschwindet, d. h. wenn $x \neq -2$. Ist dies der Fall, so müssen wir beide Seiten mit $x + 2$ multiplizieren, um diese Ungleichung nach x aufzulösen. Hierbei gibt es jedoch ein Problem: Ist $x + 2 > 0$, so müssen wir dafür Rechenregel 1.14.(ii) benutzen, die Richtung der Ungleichung bleibt also erhalten. Ist aber $x + 2 < 0$, so sind wir in der Situation von Rechenregel 1.14.(iii), die Richtung der Ungleichung kehrt sich also um. Beide Fälle müssen wir getrennt voneinander betrachten. Dieses Vorgehen nennt man in der Mathematik auch eine *Fallunterscheidung*.

Fall 1: $x \in (-2, +\infty)$.

In diesem Fall ist $x + 2 > 0$, also erhalten wir:

$$\begin{aligned}
& \frac{4}{x+2} \leq 3 && | \cdot (x+2) \\
\Leftrightarrow\ & 4 \leq 3(x + 2) && | \text{ Ausmultiplizieren} \\
\Leftrightarrow\ & 4 \leq 3x + 6 && | -6 \\
\Leftrightarrow\ & 3x \geq -2 && | :3 \\
\Leftrightarrow\ & x \geq -\frac{2}{3}.
\end{aligned}$$

Also ist in diesem Fall x genau dann Lösung der Ungleichung, wenn $x \geq -\frac{2}{3}$, d. h. wenn $x \in [-\frac{2}{3}, +\infty)$.

Fall 2: $x \in (-\infty, -2)$.

Hier ist $x + 2 < 0$, also ergibt sich:

$$\frac{4}{x+2} \leq 3 \quad \Big| \cdot (x+2)$$
$$\Leftrightarrow \quad 4 \geq 3(x+2) \quad | \text{ Ausmultiplizieren}$$
$$\Leftrightarrow \quad 4 \geq 3x + 6 \quad | -6$$
$$\Leftrightarrow \quad 3x \leq -2 \quad | :3$$
$$\Leftrightarrow \quad x \leq -\frac{2}{3}.$$

Dies ist wegen der Annahme, dass $x \in (-\infty, -2)$ gewählt ist, jedoch für *jedes* solche x erfüllt. Also ist *jedes* $x \in (-\infty, -2)$ eine Lösung der Ungleichung.

Als Lösungsmenge der Ungleichung erhalten wir die *Vereinigung* der Lösungsmengen der einzelnen Fälle. Also ist die Lösungsmenge von $\frac{4}{x+2} \leq 3$ gerade

$$(-\infty, -2) \cup \left[-\tfrac{2}{3}, +\infty\right).$$

Die folgenden Konstruktionen für reelle Zahlen sind Ihnen ebenfalls aus der Schule wohlbekannt, wir wollen uns hier jedoch die formalen Definitionen noch einmal anschauen.

Definition 1.17 (Potenzen und Wurzeln). Sei im Folgenden $a \in \mathbb{R}$ eine beliebige reelle Zahl.

a) Sei $n \in \mathbb{N}$. Dann ist $a^n \in \mathbb{R}$, die *n-te Potenz von* a, gegeben durch

$$a^n = \underbrace{a \cdot a \cdot \ldots \cdot a}_{n-\text{mal}}.$$

n heißt der *Exponent* von a^n. Weiter setzen wir $a^0 = 1$.

b) Sei $k \in \mathbb{N}$ mit $k \geq 2$. Ist $a \geq 0$, so bezeichnen wir mit $\sqrt[k]{a}$ die eindeutige Lösung der Gleichung

$$x^k = a,$$

die in $[0, +\infty)$ liegt, und nennen $\sqrt[k]{a}$ die *k-te Wurzel von a*. Im Fall $k = 2$ schreiben wir auch $\sqrt{a}$ statt $\sqrt[2]{a}$ und nennen $\sqrt{a}$ die *Quadratwurzel von a*.

c) Ist $a \neq 0$ und $n \in \mathbb{N}$, so schreiben wir

$$a^{-n} = \frac{1}{a^n}.$$

d) Ist $a > 0$ und sind $n \in \mathbb{Z}$ und $k \in \mathbb{N}$ mit $k \geq 2$, so setzen wir

$$a^{\frac{n}{k}} = \sqrt[k]{a^n}.$$

Insbesondere ist $a^{\frac{1}{k}} = \sqrt[k]{a}$.

Die folgenden Rechenregeln für Potenzen und Wurzeln sollten Ihnen aus der Schule bekannt sein.

Rechenregeln 1.18

a) *(Potenzgesetze)* Seien $a, b \in \mathbb{R}$ mit $a \neq 0$ und $b \neq 0$ und seien $m, n \in \mathbb{N}$. Dann gilt

   (i) $a^m \cdot a^n = a^{m+n}$,
   (ii) $\dfrac{a^m}{a^n} = a^{m-n}$,
   (iii) $(a^m)^n = a^{m \cdot n}$
   (iv) $a^n \cdot b^n = (a \cdot b)^n$,
   (v) $\dfrac{a^n}{b^n} = \left(\dfrac{a}{b}\right)^n$.

b) *(Wurzelgesetze)* Seien $a \in [0, +\infty)$ und $b \in (0, +\infty)$ und seien $k, \ell \in \mathbb{N}$ mit $k \geq 2$ und $\ell \geq 2$. Dann gilt:

   (i) $\sqrt[k]{\sqrt[\ell]{a}} = \sqrt[k \cdot \ell]{a}$,
   (ii) $\sqrt[k]{a} \cdot \sqrt[k]{b} = \sqrt[k]{a \cdot b}$,
   (iii) $\dfrac{\sqrt[k]{a}}{\sqrt[k]{b}} = \sqrt[k]{\dfrac{a}{b}}$.

Motivation 1.19 Die binomischen Formeln aus Satz 1.12 geben uns allgemeine Regeln um die Klammern bei Quadraten von Summen reeller Zahlen aufzulösen. Was passiert jedoch mit höheren Potenzen von Summen, also Ausdrücken der Form $(a+b)^n$? Wir schauen uns die Fälle $n=3$ und $n=4$ genauer an. Für $a, b \in \mathbb{R}$ berechnen wir mit den Rechenregeln 1.10, dass

$$\begin{aligned}(a+b)^3 &= (a+b)^2 \cdot (a+b) \stackrel{\text{Satz 1.12.(1)}}{=} (a^2+2ab+b^2)\cdot(a+b) \\ &= (a^2+2ab+b^2)\cdot a + (a^2+2ab+b^2)\cdot b \\ &= a^3+2a^2b+ab^2+a^2b+2ab^2+b^3 \\ &= a^3+3a^2b+3ab^2+b^3.\end{aligned}$$

Schaut man genauer hin, so sieht man, dass in der letzten Formel nur Terme auftauchen, die Produkte von Potenzen von a und b enthalten, deren Exponenten sich zu 3 addieren. Schauen wir uns an, was bei der vierten Potenz passiert.

$$\begin{aligned}(a+b)^4 &= (a+b)^3 \cdot (a+b) \\ &= (a^3+3a^2b+3ab^2+b^3)\cdot(a+b) \\ &= (a^3+3a^2b+3ab^2+b^3)\cdot a + (a^3+3a^2b+3ab^2+b^3)\cdot b \\ &= a^4+3a^3b+3a^2b^2+ab^3+a^3b+3a^2b^2+2ab^3+b^4 \\ &= a^4+4a^3b+6a^2b^2+4ab^3+b^4.\end{aligned}$$

Wieder enthalten alle Terme in der letzten Formel Produkte von Potenzen von a und b, dieses Mal addieren sich die Exponenten stets zu 4. Genauso könnte man nun für höhere Potenzen fortfahren, es lässt sich etwa analog nachrechnen, dass

$$(a+b)^5 = a^5+5a^4b+10a^3b^2+10a^2b^3+5ab^4+b^5.$$

Wollen wir nun eine allgemeine Formel für den Ausdruck $(a+b)^n$ finden, der für beliebige $n \in \mathbb{N}$ gilt, so gibt es unter anderem ein praktisches Problem: mit zunehmenden n wächst die Anzahl der Summanden in der gesuchten Formel, die die bisherigen verallgemeinert, immer weiter an. Genauer sind es jeweils $(n+1)$ Summanden. Wie schreibt man solche Summen aber für beliebige $n \in \mathbb{N}$ sauber auf ohne zum Beispiel „$\ldots$" zu verwenden?

Definition 1.20 Sei $n \in \mathbb{N}$ und seien $a_1, \ldots, a_n \in \mathbb{R}$. Die Summe der Zahlen $a_1, \ldots, a_n$, also die reelle Zahl $a_1+a_2+a_3+\cdots+a_n$, bezeichnen wir mit

$$\sum_{i=1}^{n} a_i.$$

Hierbei nennen wir i den *Laufindex* der Summe, 1 die *untere* und n die *obere* Summationsgrenze der Summe.[5] Analog schreiben wir für beliebiges $k \in \mathbb{N}$ mit $k \leq n$, dass

$$a_k + a_{k+1} + \cdots + a_n = \sum_{i=k}^{n} a_i.$$

Beispiel 1.21

(1) Wollen wir die Summe der ersten 100 natürlichen Zahlen beschreiben, so ist diese gegeben durch

$$1 + 2 + 3 + \cdots + 99 + 100 = \sum_{i=1}^{100} i.$$

(2) Die Summe der ersten sechs Quadratzahlen können wir ausdrücken als

$$1 + 4 + 9 + 16 + 25 + 36 = \sum_{i=1}^{6} i^2.$$

Analog ist

$$9 + 16 + 25 + 36 = \sum_{i=3}^{6} i^2.$$

(3) Wir beschreiben die Summe der ersten fünf geraden Zahlen als

$$2 + 4 + 6 + 8 + 10 = \sum_{i=1}^{5} 2i$$

und die Summe der ersten fünf Zweierpotenzen als

$$2 + 4 + 8 + 16 + 32 = \sum_{i=1}^{5} 2^i.$$

---

[5] Das Symbol Σ heißt in diesem Kontext auch *Summenzeichen* und ist eigentlich ein griechischer Buchstabe, nämlich ein großes *Sigma*.

Aus den Rechenregeln 1.10 der Addition und der Multiplikation lassen sich völlig analoge Rechenregeln für das Summenzeichen herleiten.

Rechenregeln 1.22 (Regeln für das Summenzeichen). Sei $n \in \mathbb{N}$ und seien $a_1, \ldots, a_n, b_1, \ldots, b_n \in \mathbb{R}$ beliebige reelle Zahlen.

(i) Es gilt
$$\sum_{i=1}^{n} a_i + \sum_{i=1}^{n} b_i = \sum_{i=1}^{n} (a_i + b_i).$$

(ii) Für alle $c \in \mathbb{R}$ gilt
$$\sum_{i=1}^{n} (c \cdot a_i) = c \cdot \sum_{i=1}^{n} a_i.$$

Sollten Ihnen diese Rechenregeln noch komisch vorkommen, so versuchen Sie, sich die Regeln ohne Summenzeichen und in der „..."-Schreibweise aufzuschreiben.

Beispiel 1.23 Mit Rechenregel (ii) für das Summenzeichen erhalten wir etwa:
$$2 + 4 + 6 + 8 + 10 = \sum_{i=1}^{5} (2 \cdot i) = 2 \cdot \sum_{i=1}^{5} i = 2 \cdot (1 + 2 + 3 + 4 + 5).$$

Das Summenzeichen gibt uns nun die Möglichkeit, die allgemeine Gleichung zu formulieren, über die wir in Motivation 1.19 nachgedacht haben. Für diese müssen wir noch ein wenig neue Notation einführen.

Definition 1.24

a) Für $n \in \mathbb{N}$ betrachten wir die natürliche Zahl $n!$ (gesprochen: „n Fakultät"), die gegeben ist durch
$$n! = n \cdot (n-1) \cdot (n-2) \cdot \ldots \cdot 2 \cdot 1.$$

Weiterhin setzen wir $0! = 1$.

b) Für $n \in \mathbb{N}$ und $k \in \{0, 1, 2, \ldots, n\}$ definieren wir die Zahl $\binom{n}{k}$ (gesprochen: „n über k") durch
$$\binom{n}{k} = \frac{n!}{k! \cdot (n-k)!}.$$

Ausdrücke der Form $\binom{n}{k}$ nennt man *Binomialkoeffizienten*.

Bemerkung 1.25 Fakultäten und Binomialkoeffizienten kommen eigentlich aus dem Gebiet der Kombinatorik, in dem es unter anderem darum geht, wie sich Mengen abzählen und anordnen lassen. Genauer lässt sich Folgendes zeigen:

- $n!$ ist die Anzahl der Möglichkeiten, die es gibt, eine Menge aus n Elementen anzuordnen, d. h. in eine Reihenfolge zu bringen. Sollen sich zum Beispiel fünf Personen für ein Foto nebeneinander stellen, so gibt es dafür

$$5! = 5 \cdot 4 \cdot 3 \cdot 2 \cdot 1 = 120$$

  verschiedene Anordnungen.
- $\binom{n}{k}$ ist die Anzahl der Möglichkeiten, aus einer Menge von n Elementen genau k unterschiedliche Elemente auszuwählen. Bei der üblichen Lottoziehung „6 aus 49" werden zum Beispiel sechs Kugeln aus einer Menge von 49 nummerierten Kugeln gezogen. Dafür gibt es genau

$$\binom{49}{6} = \frac{49!}{6! \cdot 43!} = \frac{49 \cdot 48 \cdot 47 \cdot 46 \cdot 45 \cdot 44 \cdot 43!}{6! \cdot 43!} = \frac{49 \cdot 48 \cdot 47 \cdot 46 \cdot 45 \cdot 44}{720} = 13.983.816$$

Möglichkeiten (was zeigt, wie gering die Gewinnchancen sind).

Damit können wir nun die gewünschte Formel ausdrücken.

Satz 1.26 (Binomialsatz/Binomischer Lehrsatz). *Seien $a, b \in \mathbb{R}$ und sei $n \in \mathbb{N}$. Dann gilt:*

$$(a+b)^n = \sum_{k=0}^{n} \binom{n}{k} a^{n-k} b^k.$$

Um zu überprüfen, dass der Binomialsatz zu den bisherigen Ergebnissen passt, wollen wir ihn für $n = 3$ mit unseren Rechnungen aus Motivation 1.19 vergleichen. Nach dem Binomialsatz ist

$$(a+b)^3 = \sum_{k=0}^{3} \binom{3}{k} a^{n-k} b^k = \underbrace{\binom{3}{0} a^3 b^0}_{k=0} + \underbrace{\binom{3}{1} a^2 b^1}_{k=1} + \underbrace{\binom{3}{2} a^1 b^2}_{k=2} + \underbrace{\binom{3}{3} a^0 b^3}_{k=3}$$

$$= \binom{3}{0} a^3 + \binom{3}{1} a^2 b + \binom{3}{2} a b^2 + \binom{3}{3} b^3.$$

Die Binomialkoeffizienten in dieser Formel berechnen wir wie folgt:

$$\binom{3}{0} = \frac{3!}{0! \cdot (3-0)!} = \frac{3!}{0! \cdot 3!} = 1,$$

$$\binom{3}{1} = \frac{3!}{1! \cdot (3-1)!} = \frac{3!}{1! \cdot 2!} = \frac{3 \cdot 2 \cdot 1}{1 \cdot 2 \cdot 1} = 3,$$

$$\binom{3}{2} = \frac{3!}{2! \cdot (3-2)!} = \frac{3!}{2! \cdot 1!} = 3,$$

$$\binom{3}{3} = \frac{3!}{3! \cdot (3-3)!} = \frac{3!}{3! \cdot 0!} = 1.$$

Also erhalten wir, dass $(a+b)^3 = a^3 + 3a^2b + 3ab^2 + b^3$, was mit dem alten Ergebnis übereinstimmt. Den Fall $n=4$ rechnet man völlig analog nach, was Ihnen als Übung empfohlen sei.

Als Nächstes betrachten wir eine weitere Gleichung, die sich mithilfe des Summenzeichens ausdrücken lässt und die an vielen unterschiedlichen Stellen ihren Nutzen findet.

Satz 1.27 (Gauß'sche Summenformel). *Für jedes $n \in \mathbb{N}$ gilt*

$$1 + 2 + \cdots + n = \sum_{i=1}^{n} i = \frac{n(n+1)}{2}.$$

Beweis Wir schreiben den Ausdruck $2 \cdot \sum_{i=1}^{n} i$ explizit auf als

$$2 \cdot \sum_{i=1}^{n} i = \sum_{i=1}^{n} i + \sum_{i=1}^{n} i \;=\; 1 \;+\; 2 \;+\; 3 \;+\; \ldots \;+\; (n-1) \;+\; n$$
$$+\; n \;+\; (n-1) + (n-2) +\; \ldots \;+\; 2 \;+\; 1.$$

Addieren wir nun jeweils die beiden Zahlen, die vertikal übereinanderstehen, so erhalten wir als Summe stets $n+1$. Da es genau n solcher Zahlenpaare gibt, folgt daraus, dass

$$2 \sum_{i=1}^{n} i = n \cdot (n+1).$$

Teilen wir beide Seiten der Gleichung durch 2, so folgt[6] die Behauptung.[7] □

Wir können kompliziertere Summen zum Teil auch durch mehrfache Summenzeichen ausdrücken, wofür wir uns zunächst ein Beispiel ansehen wollen. Betrachte die Summe

$$1+2+3+4+5+1+4+9+16+25+1+8+27+64+125.$$

Durch genauere Untersuchung dieser Zahlen sehen wir, dass sich die Zahlen wie folgt in drei Fünfergruppen zusammenfassen lassen:

$$1+2+3+4+5+1+4+9+16+25+1+8+27+64+125 = \sum_{k=1}^{5} k + \sum_{k=1}^{5} k^2 + \sum_{k=1}^{5} k^3.$$

Die drei Summen, die wir erhalten haben, sind wiederum von ähnlicher Form, denn es handelt sich um Potenzen der Zahlen von 1 bis 5, wobei der Exponent gerade 1, 2 oder 3 ist. Diese drei Summen können wir daher wieder als Summanden einer großen Summe betrachten und diese mit einem zweiten Summenzeichen zusammenfassen. Es gilt:

$$1+2+3+4+5+1+4+9+16+25+1+8+27+64+125 = \sum_{i=1}^{3} \left(\sum_{k=1}^{5} k^i \right).$$

Die folgende Rechenregel für solche sogenannten *Doppelsummen* folgt unmittelbar aus den Rechenregeln 1.10 der reellen Zahlen.

Rechenregeln 1.28 Seien $m, n \in \mathbb{N}$ gegeben. Wähle für jedes $i \in \{1, 2, \ldots, m\}$ und jedes $k \in \{1, 2, \ldots, n\}$ eine Zahl $a_{ik} \in \mathbb{R}$. Dann gilt

$$\sum_{i=1}^{m} \left(\sum_{k=1}^{n} a_{ik} \right) = \sum_{k=1}^{n} \left(\sum_{i=1}^{m} a_{ik} \right).$$

---

[6] Erzählen Sie bloß keinem Mathematiker, dass Ihnen dies als Beweis der Gauß'schen Summenformel verkauft wurde. Dieser würde wahrscheinlich die Nase rümpfen, es zu ungenau finden und etwas von „vollständiger Induktion" reden. Für unsere Zwecke reicht dieser Beweis aber vollkommen aus.

[7] Das Symbol □ wird von Mathematikern benutzt, um das Ende eines Beweises zu kennzeichnen. Statt des Kästchens kann man auch „q.e.d." schreiben, was eine Abkürzung für das lateinische *quod erat demonstrandum* ist – *was zu zeigen war*.

Schauen wir uns dies an obigem Beispiel noch einmal an: Die rechte Seite der Gleichung von Rechenregel 1.28 berechnen wir in unserem Beispiel zu

$$\sum_{k=1}^{5}\left(\sum_{i=1}^{3} k^i\right) = \sum_{k=1}^{5}(k + k^2 + k^3)$$
$$= (1+1+1) + (2+4+8) + (3+9+27) + (4+16+64) + (5+25+125)$$
$$= (1+2+3+4+5) + (1+4+9+16+25) + (1+8+27+64+125)$$
$$= \sum_{i=1}^{3}\left(\sum_{k=1}^{5} k^i\right).$$

Damit haben wir die Gültigkeit der Formel für dieses Beispiel nachgerechnet. Doppelsummen werden zum Beispiel in der Stochastik und Statistik oft benutzt, da mit ihnen Kovarianzen von Zufallsvariablen ausgedrückt werden können.

1.2 Anwendung: Zinsrechnung

In diesem Abschnitt wollen wir die Grundlagen der Zinsrechnung besprechen und dabei Stück für Stück weiter neue Definitionen und Rechenmethoden einführen. Wir schauen uns dazu verschiedene Möglichkeiten für die Verzinsung von Geldern an, die tatsächlich in der Praxis genutzt werden. Dazu beginnen wir mit der einfachsten Art der Verzinsung und arbeiten uns langsam zu den komplizierteren Arten vor. Zunächst führen wir jedoch Grundbegriffe ein.

Definition 1.29 Seien $K_0 \in (0, +\infty)$ und $n \in \mathbb{N}$ und betrachte eine Situation, in der ein Guthaben von K_0 € über n Jahre verzinst wird.

a) Wir bezeichnen den Anfangsbetrag K_0 als den *Barwert* der Anlage. Für $j \in \{1, 2, \ldots, n\}$ bezeichnen wir mit K_j den Gesamtwert der Anlage nach j Jahren in € und nennen K_j den *Zeitwert* der Anlage nach j Jahren. Der Wert K_n heißt auch der *Endwert* der Anlage.
b) Für $j \in \{1, 2, \ldots, n\}$ bezeichnen wir mit z_j die im Jahr j erhaltenen Zinsen (in €) und mit Z_n die insgesamt in n Jahren erhaltenen Zinsen (in €).

Offensichtlich gelten zwischen den in Definition 1.29 eingeführten Größen die folgenden Beziehungen:

$$K_j = K_{j-1} + z_j \qquad \text{für jedes } j \in \{1, 2, \ldots, n\}, \tag{1.1}$$

$$Z_n = \sum_{j=1}^{n} z_j, \tag{1.2}$$

$$K_n = K_0 + Z_n. \tag{1.3}$$

Lineare Verzinsung. Man spricht von *linearer Verzinsung*, wenn ein fester Geldbetrag in Höhe von K_0 € zu einem festen Jahreszins für n Jahre angelegt wird und dabei nur der Ausgangsbetrag verzinst wird, d. h., wenn die Zinsen im Folgejahr *nicht* erneut als Guthaben verzinst werden.

Eine solche Situation tritt etwa bei folgenden Anlagen auf:

- eine festverzinslichen Anleihe vom Wert K_0 mit einer Laufzeit von n Jahren, die über die komplette Laufzeit gehalten wird,
- Genossenschaftsanteile, wenn man vereinfachend annimmt, dass jedes Jahr eine Dividende in gleicher Höhe pro Anteil ausbezahlt wird.

Umgangssprachlich wird das Geld nun „zu $p\%$ verzinst", wobei $p \in (0, +\infty)$. Was bedeutet dies nun genau?

Das Wort Prozent kommt vom italienischen „pro cento" bzw. vom lateinischen „per centum" und bedeutet nicht anderes als *von Hundert*. Der Wert p gibt also an, dass p *von Hundert* Teilen der Anlage, d. h. $\frac{p}{100}$, als Zins gezahlt werden.

Definition 1.30 Wird ein Betrag „zu $p\%$ verzinst", so nennen wir p den *Zinsfuß* der Anlage. Der Wert

$$i = \frac{p}{100}$$

heißt der *Zinssatz* der Anlage.

Bei der *linearen Verzinsung* werden jedes Jahr $p\%$ vom *Barwert* der Anlage als Zinsen ausgezahlt, es gilt also für jedes $j \in \{1, 2, \ldots, n\}$, dass

$$z_j = K_0 \cdot \frac{p}{100} = K_0 \cdot i.$$

Die insgesamt nach n Jahren gezahlten Zinsen betragen mit Gl. (1.2) daher

$$Z_n = \sum_{j=1}^{n} z_j = \sum_{j=1}^{n} K_0 \cdot \frac{p}{100}$$

$$= \underbrace{K_0 \cdot \frac{p}{100} + K_0 \cdot \frac{p}{100} + \cdots + K_0 \cdot \frac{p}{100}}_{n \text{ mal}}$$

$$= K_0 \cdot \frac{p}{100} \cdot n.$$

Setzen wir dies in Gl. (1.3) ein und klammern wir K_0 aus, so erhalten wir unmittelbar die folgende Formel für den Endwert der Anlage.

Satz 1.31 (Endwert bei linearer Verzinsung). *Wird ein Betrag $K_0 \in (0, +\infty)$ zu einem Zinsfuß p mit zugehörigem Zinssatz i über n Jahre linear verzinst, so beträgt der Endwert*

$$\boxed{K_n = K_0 \cdot (1 + n \cdot i) = K_0 \cdot \left(1 + \frac{n \cdot p}{100}\right).}$$

Beispiel 1.32 Wir nehmen an, dass 5000 € für 10 Jahre zu 5 % linear verzinst werden. In diesem Fall gilt also für Barwert, Zinsfuß und Zinssatz, dass

$$K_0 = 5000, \qquad p = 5, \qquad i = \frac{5}{100} = \frac{1}{20} = 0{,}05.$$

Nach Satz 1.31 ist damit

$$K_{10} = K_0 \cdot (1 + 10i) = 5000 \cdot \left(1 + \frac{10}{20}\right) = 5000 \cdot \frac{3}{2} = 7500.$$

Also hat die Anlage nach 10 Jahren einen Endwert von 7500 €.

Geometrische Verzinsung. Nun betrachten wir die Situation, dass ein Geldbetrag von K_0 € zu einem festen Zinssatz für n Jahre angelegt wird, dass aber die erhalten Zinsen im Folgejahr mit verzinst werden. Die Zinsen im Jahr n werden nun also nicht als Anteil von K_0 berechnet, sondern als Anteil von K_{n-1}, dem Zeitwert des Vorjahres. Diese Art der Verzinsung taucht unter anderem bei folgenden Anlageklassen auf:

- Festgeldkonten,
- Tagesgeldkonten, wenn deren Zinssatz über einen längeren Zeitraum konstant ist.

Ist wieder p der Zinsfuß und i der Zinssatz der Anlage, so ist in diesem Fall

$$z_j = K_{j-1} \cdot \frac{p}{100} = K_{j-1} \cdot i.$$

Mit (1.1) erhalten wir daraus, dass

$$K_j = K_{j-1} + K_{j-1} \cdot i = K_{j-1} \cdot (1+i)$$

für jedes $j \in \{1, 2, \ldots, n\}$ gilt. Damit können wir uns nun Stück für Stück eine Formel überlegen, die den Endwert der Anlage aus dem Barwert berechnet. Für $n = 1$ ist

$$K_1 = K_0 \cdot (1+i).$$

Daraus erhalten wir für $n = 2$, dass

$$K_2 = K_1 \cdot (1+i) = K_0 \cdot (1+i) \cdot (1+i) = K_0 \cdot (1+i)^2$$

und für $n = 3$, dass

$$K_3 = K_2 \cdot (1+i) = K_0 \cdot (1+i)^2 \cdot (1+i) = K_0 \cdot (1+i)^3.$$

Nun erkennen wir das Schema, das dabei entsteht. Allgemein erhält man das folgende Resultat.

Satz 1.33 (Endwert bei geometrischer Verzinsung). *Wird ein Betrag $K_0 \in (0, +\infty)$ zu einem Zinsfuß p mit zugehörigem Zinssatz i über n Jahre geometrisch verzinst, so beträgt der Endwert*

$$\boxed{K_n = K_0 \cdot (1+i)^n = K_0 \cdot \left(1 + \frac{p}{100}\right)^n.}$$

Bemerkung 1.34 Sind für eine geometrisch verzinste Anlage der Endwert K_n und der Barwert K_0 vorgegeben, so lässt sich aus der Formel aus Satz 1.33 der

Zinssatz zurückgewinnen. Wir formen nämlich wie folgt um:

$$K_n = K_0 \cdot (1+i)^n \quad \Big| : K_0$$

$$\Leftrightarrow \quad \frac{K_n}{K_0} = (1+i)^n \quad \Big| \sqrt[n]{\cdot}$$

$$\Leftrightarrow \quad \sqrt[n]{\frac{K_n}{K_0}} = 1 + i.$$

Ziehen wir nun auf beiden Seiten 1 ab, so erhalten wir die Formel für den Zinssatz bei vorgegebenem Barwert und Endwert:

$$\boxed{i = \sqrt[n]{\frac{K_n}{K_0}} - 1.}$$

Für den zugehörigen Zinsfuß gilt folglich, dass

$$p = 100 \cdot i = 100 \cdot \sqrt[n]{\frac{K_n}{K_0}} - 100.$$

Beispiel 1.35

(1) Wir nehmen an, dass 5000 € für 10 Jahre zu 5 % geometrisch verzinst werden. Nach Satz 1.33 ist der Endwert der Anlage dann

$$K_{10} = 5000 \cdot \left(1 + \frac{5}{100}\right)^{10} = 5000 \cdot 1{,}05^{10}.$$

Dies ist ein Fall für den Taschenrechner, welcher liefert, dass

$$1{,}05^{10} \approx 1{,}629.$$

Damit erhalten wir, dass

$$K_{10} \approx 5000 \cdot 1{,}629 \approx 8144{,}47.$$

Der Betrag ist also nach 10 Jahren zu 8144,47 € angewachsen.

(2) Wir nehmen an, dass 5000 € für 10 Jahre bei geometrischer Verzinsung angelegt wurden und der Endwert der Anlage 9000 € beträgt. Daraus

berechnen wir mit Bemerkung 1.34, dass der Zinssatz der Anlage gegeben ist durch

$$i = \sqrt[10]{\frac{9000}{5000}} - 1 = \sqrt[10]{\frac{9}{5}} - 1 \approx 0{,}0605$$

und der Zinsfuß folglich durch $p = 100 \cdot i \approx 6{,}05$. Der Betrag wurde also zu ca. 6,05 % verzinst.

Der Unterschied zur linearen Verzinsung ist, dass bei der geometrischen Verzinsung die bereits erhaltenen Zinsen wieder mit verzinst werden. Die auf erhaltenen Zinsen neu erhaltenen Zinsen bezeichnet man als *Zinseszins*. Formal können wir ihn als Unterschied zwischen linearer und geometrischer Verzinsung mit der folgenden Formel bestimmen, die wir unmittelbar aus Satz 1.31 und Satz 1.33 erhalten.

Satz 1.36 (Zinseszinsformel). *Wird ein Betrag $K_0 \in (0, +\infty)$ über n Jahre, wobei $n \in \mathbb{N}$, zum Zinssatz i geometrisch verzinst, so berechnet sich der insgesamt erhaltene Zinseszins C_n zu*

$$\boxed{C_n = K_0 \cdot ((1+i)^n - 1 - n \cdot i).}$$

Beispiel 1.37 Werden 5000 € für 10 Jahre zu 5 % geometrisch verzinst, so berechnet sich der erhaltene Zinseszins nach Beispiel 1.32 und Beispiel 1.35.(1) zu

$$C_{10} \approx 8144{,}47 - 7500 \approx 644{,}47.$$

Es ist also ein Zinseszins von 644,47 € aufgelaufen.

Variable geometrische Verzinsung. Wir nehmen nun an, dass die Verzinsung so gestaltet ist, dass die aufgelaufenen Zinsen zwar in jedem Jahr mit verzinst werden, dass der Zinssatz jedoch in dem Sinne variabel ist, dass in jedem Jahr ein anderer Zinssatz angewendet wird.

Es bezeichne dafür

p_j den im j-ten Jahr geltenden Zinsfuß,

$i_j = \dfrac{p_j}{100}$ den im j-ten Jahr geltenden Zinssatz.

Für jedes $j \in \{1, 2, \ldots, n\}$ gilt dann, dass

$$z_j = K_{j-1} \cdot \frac{p_j}{100} = K_{j-1} \cdot i_j$$

und folglich

$$K_j = K_{j-1} + K_{j-1} \cdot i_j = K_{j-1} \cdot (1 + i_j).$$

Damit können wir nun Schritt für Schritt die Zeitwerte berechnen. Zunächst ist

$$K_1 = K_0 \cdot (1 + i_1).$$

Damit erhalten wir, dass

$$K_2 = K_1 \cdot (1 + i_2) = K_0 \cdot (1 + i_1) \cdot (1 + i_2)$$

und weiter, dass

$$K_3 = K_2 \cdot (1 + i_3) = K_0 \cdot (1 + i_1) \cdot (1 + i_2) \cdot (1 + i_3).$$

Mit diesem Ansatz lässt sich folgender Ausdruck für den Endwert herleiten.

Satz 1.38 (Endwert bei variabler geometrischer Verzinsung). *Wird ein Betrag $K_0 \in (0, +\infty)$ über n Jahre geometrisch verzinst, wobei der Zinssatz im j-ten Jahr mit i_j bezeichnet sei, so ist der Endwert gegeben durch*

$$\boxed{K_n = K_0 \cdot (1 + i_1) \cdot (1 + i_2) \cdot \ldots \cdot (1 + i_n).}$$

Diese Formel hat den kleinen Schönheitsfehler, dass sie durch die „..."-Schreibweise etwas länglich wird. Ähnlich wie wir das Summenzeichen als Kurzschreibweise für *Summen* beliebig vieler Zahlen eingeführt haben, führen wir nun ein Symbol ein, mit dem *Produkte* beliebig vieler Zahlen kurz und bündig aufgeschrieben werden können.

Definition 1.39 Sei $n \in \mathbb{N}$ und seien $a_1, a_2, \ldots, a_n \in \mathbb{R}$. Das Produkt der Zahlen $a_1, \ldots, a_n$, also die reelle Zahl $a_1 \cdot a_2 \cdot \ldots \cdot a_n$, bezeichnen wir mit

$$\prod_{j=1}^{n} a_j.$$

Hierbei nennen wir j den *Laufindex* des Produkts.[8] Analog schreiben wir für beliebiges $k \leq n$, dass

$$a_k \cdot a_{k+1} \cdot \ldots \cdot a_n = \prod_{j=k}^{n} a_i.$$

Beispiel 1.40 Mithilfe des Produktzeichens können wir Fakultäten natürlicher Zahlen ausdrücken als

$$n! = 1 \cdot 2 \cdot \ldots \cdot (n-1) \cdot n = \prod_{j=1}^{n} j$$

für jedes $n \in \mathbb{N}$.

Die Formel aus Satz 1.38 können wir ebenfalls mithilfe des Produktzeichens ausdrücken und erhalten

$$K_n = K_0 \cdot \prod_{j=1}^{n} (1 + i_j).$$

Um allgemein Anlagen mit variabler Verzinsung miteinander vergleichen zu können, gibt es in der Finanzmathematik einen typischen Ansatz: *man vergleicht die Anlage mit einer geometrisch verzinsten Anlage und bestimmt den Zinssatz, der bei geometrischer Verzinsung dasselbe Ergebnis liefern würde.*

Definition 1.41 Seien $K_0 \in (0, +\infty)$ und $n \in \mathbb{N}$. Wir nehmen an, dass ein Betrag von K_0 € über n Jahre angelegt werde und bezeichnen den Endwert der Anlage wieder mit K_n €. Der *effektive Zinssatz* der Anlage von K_0 €, ist gegeben als der Wert i_{eff}, für den die geometrische Verzinsung zum festen Zinssatz i_{eff} den gleichen Endwert liefert wie die betrachtete Anlage. Explizit gilt:

$$K_n = K_0 \cdot (1 + i_{\text{eff}})^n.$$

Der zugehörige Wert $p_{\text{eff}} = 100 \cdot i_{\text{eff}}$ wird als *interner Zinsfuß* der Anlage bezeichnet.

---

[8] Bei dem Symbol ∏, das in diesem Kontext auch *Produktzeichen* genannt wird, handelt es sich wieder um einen griechischen Buchstaben, nämlich ein großes *Pi*.

Diesen effektiven Zinssatz können wir für die variable geometrische Verzinsung mithilfe der Endwertformel aus Satz 1.38 herleiten.

Satz 1.42 (Effektivzins bei variabler geometrischer Verzinsung). *Wird ein Betrag $K_0 \in (0, +\infty)$ über n Jahre zu den Zinssätzen $i_1, i_2, \ldots, i_n$ variabel geometrisch verzinst, so ist der effektive Zinssatz gegeben durch*

$$\boxed{i_{\mathit{eff}} = \sqrt[n]{(1+i_1)(1+i_2) \cdot \ldots \cdot (1+i_n)} - 1 = \sqrt[n]{\prod_{j=1}^{n}(1+i_j)} - 1.}$$

Beweis Mit der Definition des effektiven Zinssatzes und Satz 1.38 erhalten wir folgende Umformungen:

$$K_0 \cdot (1+i_{\text{eff}})^n = K_n$$

$$\Leftrightarrow \quad K_0 \cdot (1+i_{\text{eff}})^n = K_0 \cdot \prod_{j=1}^{n}(1+i_j) \qquad \Big| : K_0$$

$$\Leftrightarrow \quad (1+i_{\text{eff}})^n = \prod_{j=1}^{n}(1+i_j) \qquad \Big| \sqrt[n]{\cdot}$$

$$\Leftrightarrow \quad 1+i_{\text{eff}} = \sqrt[n]{\prod_{j=1}^{n}(1+i_j)}.$$

Ziehen wir nun noch auf beiden Seiten 1 ab, so erhalten wir die behauptete Gleichung. □

Beispiel 1.43 Wir nehmen an, dass 5000 € für 10 Jahre variabel geometrisch verzinst werden, wobei der Betrag im ersten Jahr zu 1 %, im zweiten Jahr zu 2 %, … und im zehnten Jahr zu 10 % verzinst wird, und wollen für diese Anlage den effektiven Jahreszins berechnen. Die Zinssätze sind hier gegeben durch

$$i_1 = \frac{1}{100}, \qquad i_2 = \frac{2}{100}, \qquad \ldots, \qquad i_{10} = \frac{10}{100},$$

also für $j \in \{1, 2, \ldots, 10\}$ durch $i_j = \frac{j}{100}$. Der Endwert der Anlage ist nach Satz 1.38 und mithilfe eines Taschenrechners gegeben durch

$$\begin{aligned} K_{10} &= 5000 \cdot \prod_{j=1}^{10} \left(1 + \frac{j}{100}\right) \\ &= 5000 \cdot \left(1 + \frac{1}{100}\right) \cdot \left(1 + \frac{2}{100}\right) \cdot \ldots \cdot \left(1 + \frac{10}{100}\right) \\ &= 5000 \cdot \frac{101}{100} \cdot \frac{102}{100} \cdot \ldots \cdot \frac{110}{100} \\ &= 5000 \cdot 1{,}01 \cdot 1{,}02 \cdot \ldots \cdot 1{,}10 \\ &\approx 8509{,}11. \end{aligned}$$

Es sind also nach 10 Jahren 8509,11 € auf dem Konto. Nach Satz 1.42 erhalten wir den effektiven Zinssatz der Anlage als

$$\begin{aligned} i_{\text{eff}} &= \sqrt[10]{\prod_{j=1}^{10} \left(1 + \frac{j}{100}\right)} - 1 \\ &= \sqrt[10]{1{,}01 \cdot 1{,}02 \cdot 1{,}03 \cdot \ldots \cdot 1{,}10} - 1 \approx 1{,}0546 - 1 \\ &\approx 0{,}0546, \end{aligned}$$

wobei wir im letzten Schritt wieder einen Taschenrechner benutzt haben. Damit ist

$$p_{\text{eff}} \approx 100 \cdot 0{,}0546 = 5{,}46.$$

Wir hätten also den gleichen Endwert erhalten, wenn K_0 über 10 Jahre zu 5,46 % geometrisch verzinst worden wäre.

Unterjährige Verzinsung. Wir betrachten nun die Situation, dass Zinsen nicht nur einmal, sondern mehrfach im Jahr („unterjährig") gezahlt werden. Dabei sei das Jahr in m gleich große Zeiträume aufgeteilt und am Ende jedes der m Zeiträume (für $m = 4$ quartalsweise, für $m = 12$ monatlich, für $m = 52$ wöchentlich, ...), die wir auch *Zinsperioden* nennen, wird das Geld geometrisch verzinst. Hierbei wird der eigentliche Zinssatz in dem Sinne aufgeteilt, dass in jedem der Zeiträume als Zinssatz gerade das $\frac{1}{m}$-fache des vorgegebenen Zinssatzes veranschlagt wird.

Sei also i der vorgegebene Zinssatz und p der zugehörige Zinsfuß. Man überlegt sich, dass sich der Zeitwert K_j dann aus dem Zeitwert K_{j-1} hervorgeht, indem wir eine m-fache geometrische Verzinsung um den Zinssatz $\frac{i}{m}$ veranschlagen. Nach dem, was wir über geometrische Verzinsung gelernt haben, erhalten wir folglich, dass

$$K_j = K_{j-1} \cdot \left(1 + \frac{i}{m}\right)^m = K_{j-1} \cdot \left(1 + \frac{p}{m \cdot 100}\right)^m.$$

Hieraus lässt sich vollkommen analog zur Endwertformel der geometrischen Verzinsung eine Endwertformel für die unterjährige Verzinsung herleiten.

Satz 1.44 (Endwert bei unterjähriger Verzinsung). *Wird ein Betrag $K_0 \in (0, +\infty)$ zum Zinssatz i über n Jahre verzinst, wobei die Verzinsung unterjährig in m Zinsperioden erfolge, so beträgt der Endwert der Anlage*

$$\boxed{K_n = K_0 \cdot \left(\left(1 + \frac{i}{m}\right)^m\right)^n = K_0 \cdot \left(1 + \frac{i}{m}\right)^{m \cdot n}}$$

Den effektiven Zinssatz bei unterjähriger Verzinsung können wir mithilfe der Wurzelgesetze unmittelbar aus diesem Satz und seiner Definition des effektiven Zinssatzes herleiten.

Satz 1.45 (Effektiver Zinssatz bei unterjähriger Verzinsung). *Wird ein Geldbetrag zum Zinssatz i über n Jahre unterjährig verzinst und erfolgt die Verzinsung nach je m gleich großen Zeiträumen, so ist der effektive Zinssatz gegeben durch*

$$\boxed{i_{\mathit{eff}} = \left(1 + \frac{i}{m}\right)^m - 1.}$$

Bemerkung 1.46 Aus Satz 1.45 können wir herleiten, dass für die unterjährige Verzinsung stets gilt, dass

$$\boxed{i_{\text{eff}} \geq i.}$$

Dies können wir zeigen, indem wir die in der Formel aus Satz 1.45 auftretende Potenz mithilfe des Binomialsatzes (Satz 1.26) ausrechnen. Mit diesem gilt hier:

$$i_{\text{eff}} = \left(1 + \frac{i}{m}\right)^m - 1 = \sum_{k=0}^{m} \binom{m}{k} 1^{n-k} \left(\frac{i}{m}\right)^k - 1$$

$$= \sum_{k=0}^{m} \binom{m}{k} \frac{i^k}{m^k} - 1$$

$$= \binom{m}{0} \frac{i^0}{m^0} + \binom{m}{1} \frac{i^1}{m^1} + \sum_{k=2}^{m} \binom{m}{k} \frac{i^k}{m^k} - 1.$$

Wir setzen $A = \sum_{k=2}^{m} \binom{m}{k} \frac{i^k}{m^k}$, sodass nach dieser Rechnung gilt, dass

$$i_{\text{eff}} = \binom{m}{0} + \binom{m}{1} \frac{i}{m} + A - 1.$$

Da $\binom{m}{0} = \frac{m!}{0! \cdot m!} = 1$ und

$$\binom{m}{1} = \frac{m!}{1! \cdot (m-1)!} = \frac{m \cdot (m-1)!}{(m-1)!} = m,$$

folgt daraus, dass

$$i_{\text{eff}} = 1 + m \cdot \frac{i}{m} + A - 1 = i + A.$$

Da jeder einzelne der Summanden von A in $[0, +\infty)$ liegt, ist $A \geq 0$, woraus wir mit den Rechenregeln für Ungleichungen folgern, dass $i_{\text{eff}} = i + A \geq i$.

Bei unterjähriger Verzinsung erhalten wir also mindestens einen genauso großen Endwert wie bei jährlicher geometrischer Verzinsung zum gleichen Zinssatz. Schauen wir uns dazu nun ein Beispiel an.

Beispiel 1.47 Wir legen 5000 € für zehn Jahre auf einem zu 5 % unterjährig verzinsten Konto an. Es gilt also $K_0 = 5000$ und $i = \frac{5}{100} = 0{,}05$.

(1) Falls die Zinsen quartalsweise ausgezahlt werden ($m = 4$), so erhalten wir nach Satz 1.44 einen Endwert von

$$K_{10} = 5000 \cdot \left(1 + \frac{5}{100 \cdot 4}\right)^{40} = 5000 \cdot \left(1 + \frac{1}{80}\right)^{40} = 5000 \cdot 1{,}0125^{40}.$$

Mit dem Taschenrechner erhalten wir, dass

$$K_{10} \approx 5000 \cdot 1{,}6436 \approx 8218{,}10.$$

Bei quartalsweiser Verzinsung hat die Anlage also einen Endwert von 8218,10 €. Der effektive Zinssatz ist nach Satz 1.45 dann gegeben durch

$$i_{\text{eff}} = \left(1 + \frac{5}{100 \cdot 4}\right)^4 - 1 = 1{,}0125^4 - 1 \approx 0{,}0509.$$

In diesem Fall entspricht die quartalsweise Verzinsung also der üblichen geometrischen Verzinsung um ca. 5,09 %.

(2) Falls die Zinsen monatlich gezahlt werden ($m = 12$), so erhalten wir analog, dass

$$K_{10} = 5000 \cdot \left(1 + \frac{5}{100 \cdot 12}\right)^{120} = 5000 \cdot \left(1 + \frac{1}{240}\right)^{120}.$$

Mit dem Taschenrechner erhalten wir, dass

$$K_{10} \approx 5000 \cdot 1{,}647 \approx 8235{,}05.$$

Bei monatlicher Verzinsung beträgt der Endwert also 8235,05 €. Als effektiven Zinssatz erhalten wir in diesem Fall

$$i_{\text{eff}} = \left(1 + \frac{5}{100 \cdot 12}\right)^{12} - 1 = \left(1 + \frac{1}{240}\right)^{12} - 1 \approx 0{,}05116.$$

(3) Rechnet man völlig analog den Fall wochenweiser Verzinsung ($m = 52$) nach, so erhält man einen Endwert von 8241,63 € und einen effektiven Zinssatz von etwa $i_{\text{eff}} \approx 0{,}05125$.

Geometrische Verzinsung mit jährlichen Einzahlungen. Bisher haben wir nur Verzinsungen in Situationen betrachtet, in denen ein fester Anfangsbetrag über eine bestimmte Laufzeit hinweg verzinst wird. Im Alltag tritt jedoch häufig der Fall auf, in dem man mit einem Ausgangsbetrag beginnt, aber in regelmäßigen Abständen (jährlich, monatlich, ...) bestimmte Sparbeträge einzahlt, die von diesem Zeitpunkt an mit verzinst werden. Auch für diese Fälle lassen sich Endwertformeln finden, wobei wir uns der Einfachheit halber auf geometrische Verzinsung beschränken wollen.

Wir gehen davon aus, dass ein Ausgangsbetrag von K_0 € über n Jahre zu einem festen Zinssatz i geometrisch verzinst wird, dass aber jeweils zum Ende eines Jahres zusätzlich ein fester Betrag von r € in die Anlage eingezahlt wird, wobei $r \in (0, +\infty)$. Dies bedeutet, dass der Zeitwert der Anlage nach j Jahren nicht nur durch Verzinsung des Zeitwerts nach $j-1$ Jahren bestimmt wird, sondern dass die neu eingezahlte Sparrate hinzugezählt werden muss. Als Formel erhalten wir, dass

$$K_j = K_{j-1} \cdot (1+i) + r$$

für jedes $j \in \{1, 2, \ldots, n\}$ erfüllt ist. Die ersten Zeitwerte berechnen sich damit wie folgt:

$$K_1 = K_0 \cdot (1+i) + r,$$
$$K_2 = K_1 \cdot (1+i) + r = (K_0 \cdot (1+i) + r) \cdot (1+i) + r$$
$$= K_0 \cdot (1+i)^2 + r \cdot (1+i) + r,$$
$$K_3 = K_2 \cdot (1+i) + r = (K_0 \cdot (1+i)^2 + r \cdot (1+i) + r)(1+i) + r$$
$$= K_0 \cdot (1+i)^3 + r \cdot (1+i)^2 + r \cdot (1+i) + r$$

Nun wird das allgemeine Schema sichtbar und man kann sich vorstellen, dass sich für den Endwert folgende Formel ergibt:

$$K_n = K_0 \cdot (1+i)^n + r \cdot (1+i)^{n-1} + r \cdot (1+i)^{n-2} + \cdots + r \cdot (1+i) + r$$
$$\Leftrightarrow K_n = K_0 \cdot (1+i)^n + r \cdot \sum_{k=0}^{n-1} (1+i)^k.$$

Diese Formel hat den kleinen Schönheitsfehler, dass für die rechte Seite der Gleichung viele Summanden berechnet und aufaddiert werden müssen. Tatsächlich lässt sich die Summe, die wir hier mit dem Summenzeichen zusammengefasst haben, noch auf überraschende Weise vereinfachen. Wir schauen uns dazu eine wichtige Gleichung an.

Satz 1.48 (Geometrische Summenformel). *Sei $q \in \mathbb{R}$ mit $q \neq 1$ und sei $n \in \mathbb{N}$. Dann gilt:*

$$\sum_{k=0}^{n-1} q^k = \frac{1-q^n}{1-q}.$$

Beweis Wir berechnen zunächst, dass

$$(1-q) \cdot \sum_{k=0}^{n-1} q^k = \sum_{k=0}^{n-1} q^k - q \cdot \sum_{k=0}^{n-1} q^k.$$

In der zweiten Summe auf der rechten Seite können wir die Rechenregel 1.22.(ii) benutzen und erhalten, dass

$$(1-q) \cdot \sum_{k=0}^{n-1} q^k = \sum_{k=0}^{n-1} q^k - \sum_{k=0}^{n-1} q^{k+1}$$
$$= (1 + q + q^2 + \cdots + q^{n-1}) - (q + q^2 + \cdots + q^n)$$
$$= 1 + q + q^2 + \cdots + q^{n-1} - q - q^2 - \cdots - q^n$$
$$= 1 - q^n.$$

Wir haben also gezeigt, dass

$$(1-q) \cdot \sum_{k=0}^{n-1} q^k = 1 - q^n \quad \Big| : (1-q)$$
$$\Leftrightarrow \sum_{k=0}^{n-1} q^k = \frac{1-q^n}{1-q}.$$

Hierbei haben wir benutzt, dass $q \neq 1$, da wir sonst nicht einfach durch $(1-q)$ hätten teilen können. □

Mit der geometrischen Summenformel erhalten wir nun eine Endwertformel für unsere Situation jährlicher Einzahlungen, die ohne das Summenzeichen auskommt.

Satz 1.49 (Endwert bei jährlichen Einzahlungen). *Wird ein Betrag $K_0 \in (0, +\infty)$ über n Jahre zu einem festen Zinssatz i geometrisch verzinst und wird am Ende eines jeden Jahres ein fester Betrag $r \in (0, +\infty)$ in die Anlage eingezahlt, so ist der Endwert der Anlage gegeben durch*

$$\boxed{K_n = K_0 \cdot (1+i)^n + r \cdot \frac{(1+i)^n - 1}{i}.}$$

Beweis Wir haben uns bereits überlegt, dass für den Endwert gilt, dass

$$K_n = K_0 \cdot (1+i)^n + r \cdot \sum_{k=0}^{n-1} (1+i)^k.$$

Da wir davon ausgehen können, dass $i > 0$, ist $1 + i \neq 1$. Also benutzen wir die geometrische Summenformel mit $q = 1 + i$ und erhalten, dass

$$K_n = K_0 \cdot (1+i)^n + r \cdot \frac{1-(1+i)^n}{1-(1+i)}$$
$$= K_0 \cdot (1+i)^n + r \cdot \frac{1-(1+i)^n}{-i}$$
$$= K_0 \cdot (1+i)^n + r \cdot \frac{(1+i)^n - 1}{i},$$

wobei wir im letzten Schritt den Bruch mit (-1) erweitert haben. Genau das wollten wir zeigen. □

Beispiel 1.50 Zur Geburt ihrer Enkelin richtet ein Großelternpaar ein Sparkonto mit einem Anfangsbetrag von 2000 € ein, dessen Guthaben zu 3 % (geometrisch) verzinst wird. An jedem Geburtstag der Enkelin zahlen die Großeltern weiterhin 500 € auf dieses Konto ein. Wieviel Geld ist am 18. Geburtstag der Enkelin auf dem Konto? Die von den Großeltern eingezahlte Summe berechnen wir zu

$$2000 + 18 \cdot 500 = 11000,$$

ohne Zinsen wurden also insgesamt 11.000 € eingezahlt.

Für den Wert des Sparkontos benutzen wir die Endwertformel aus Satz 1.49. In unserem Fall ist $K_0 = 2000$, $r = 500$, $n = 18$ und $i = \frac{3}{100} = 0{,}03$ und wir wollen den Wert K_{18} bestimmen. Wir erhalten, dass

$$K_{18} = 2000 \cdot (1 + 0{,}03)^{18} + 500 \cdot \frac{(1 + 0{,}03)^{18} - 1}{0{,}03}$$
$$= 2000 \cdot (1{,}03)^{18} + 500 \cdot \frac{(1{,}03)^{18} - 1}{0{,}03}.$$

Dies berechnen wir mit dem Taschenrechner zu

$$K_{18} \approx 3404{,}87 + 11707{,}22 \approx 15112{,}09.$$

Die Großeltern haben für ihre Enkelin an ihrem 18. Geburtstag also 15.112,09 € angespart.

1.3 Aufgaben zu Kap. 1

Aufgabe 1.1

a) Geben Sie folgende Mengen in beschreibender Schreibweise an:

$$M_1 = \{\text{Frühling, Sommer, Herbst, Winter}\},$$
$$M_2 = \{2, 3, 5, 7, 11, 13, 17, 19, 23, 29\}.$$

b) Geben Sie folgende Mengen in aufzählender Schreibweise an:

$M_3 = \{x \in \mathbb{N} \mid 5 \leq x \leq 11\}$,
$M_4 = \{x \mid x \text{ ist ein Buchstabe, der im Wort „Agrarwissenschaft" enthalten ist}\}$.

Aufgabe 1.2 Bestimmen Sie die Lösungsmengen der folgenden Ungleichungen:

a) $4 - 3x \leq 7 + 2x$, b) $4x + 3 \leq -2x - 3$, c) $3 \leq \dfrac{4x}{x-1}$.

Aufgabe 1.3 Drücken Sie die folgenden Summen mithilfe des Summenzeichens aus:

a) $1 + \frac{1}{4} + \frac{1}{9} + \frac{1}{16} + \frac{1}{25} + \frac{1}{36} + \frac{1}{49}$.
b) $1 + 10 + 100 + 1000 + 10000 + 100000$.
c) $3 + \frac{1}{3} + 4 + \frac{1}{4} + 5 + \frac{1}{5} + 6 + \frac{1}{6}$.

Aufgabe 1.4

a) Berechnen Sie die folgenden Binomialkoeffizienten:

$$\binom{13}{4}, \quad \binom{10}{5}, \quad \binom{13}{11}, \quad \binom{8}{6}.$$

b) Berechnen Sie die folgenden Potenzen (ohne Taschenrechner) mithilfe des binomischen Lehrsatzes:

(i) 102^4, (ii) 99^5, (iii) 996^3.

Hinweis: Bei (i) können Sie nutzen, dass $102 = 100 + 2$ und damit $102^4 = (100+2)^4$. Da die Potenzen von 2 und 100 gut zu beschreiben sind, hilft dann der Binomialsatz weiter. Gehen Sie bei (ii) und (iii) ähnlich vor.

Aufgabe 1.5 Nehme an, dass eine Summe von 10.000 € für acht Jahre zu 6 % linear verzinst wird. Wie hoch müsste der Zinssatz sein, damit eine geometrische Verzinsung des Geldes den gleichen Endwert liefern würde?

Aufgabe 1.6 Eine Bank bietet zwei Typen von Geldanlagen mit acht Jahren Laufzeit an:

(A) Der Grundbetrag wird zu 4 % monatlich unterjährig verzinst.
(B) Der Grundbetrag wird zunächst sieben Jahre lang zu 4 % und im achten Jahr zu einem höheren Zinsfuß von $p\%$ geometrisch verzinst.

Für welchen Wert von p kann man bei Konto B denselben Endwert erwarten wie bei Konto A?

Aufgabe 1.7 Auf einem zu 4 % geometrisch verzinsten Sparkonto werden 1000 € deponiert sowie am Ende eines jeden Jahres ein fester Sparbetrag eingezahlt. Wie hoch muss dieser Betrag gewählt sein, damit nach zwölf Jahren 10.000 € auf dem Konto sind?

2

Funktionen und Analysis

Ein Schlüsselbegriff der Mathematik ist der einer *Funktion*. Hierunter verstehen wir in diesem Buch eine Zuordnung, die Elementen einer Menge reelle Zahlen zuordnet. Wir werden diesen Begriff zunächst formal einführen und einen Überblick über die wichtigsten Typen von Funktionen geben. Anschließend befassen wir uns ausführlich mit Exponentialfunktionen und Logarithmen als wichtige Klassen von Funktionen, bevor wir uns den fortgeschritteneren Methoden aus der Differential- und Integralrechnung widmen.

2.1 Abbildungen und Funktionen

Wir beginnen wieder mit etwas Mengenlehre und betrachten zunächst einen sehr allgemeinen und grundlegenden Begriff für alles, was in den nächsten Kapiteln noch folgen wird.

Definition 2.1 Seien A und B Mengen.

a) Eine *Abbildung f von A nach B* ist eine Zuordnungsvorschrift, die jedem $x \in A$ ein eindeutiges Element $y \in B$ zuordnet. Für dieses schreiben wir dann auch $f(x) = y$. Weiterhin schreiben wir f als

$$f : A \to B.$$

b) Ist $f: A \to B$ eine Abbildung, so nennen wir A den *Definitionsbereich von f* und B *den Wertebereich von f*. Wir schreiben auch

$$D(f) = A \quad \text{und} \quad W(f) = B.$$

c) Ist $f: A \to \mathbb{R}$ eine Abbildung, gilt also $W(f) = \mathbb{R}$, so nennen wir f eine *Funktion*.

Beispiel 2.2

(1) Sei A die Menge aller Schülerinnen und Schüler einer Schulklasse. Dann ist eine Abbildung

$$f: A \to \{1, 2, 3, 4, 5, 6\}$$

gegeben durch die Vorschrift

$f(x) =$ die letzte Zeugnisnote von Schülerin x in Mathematik

Umgekehrt ist aber durch

$$g: \{1, 2, 3, 4, 5, 6\} \to A, \quad g(n) = \text{Schülerin, die die Note } n \text{ hat,}$$

keine Abbildung, da die Vorschrift *nicht eindeutig* definiert ist: es kann mehrere Schülerinnen geben, die die gleiche Note haben.

(2) Sei $S = \{x \mid x \text{ studiert an der Uni Halle}\}$. Dann erhalten wir eine Abbildung durch

$$m: S \to \mathbb{N}, \quad m(x) = \text{Matrikelnummer von Person } x.$$

Andererseits ist jedoch durch die Vorschrift

$$p: \mathbb{N} \to S, \quad p(n) = \text{die/der Studierende mit der Matrikelnummer } n,$$

keine Abbildung, weil nicht jede natürliche Zahl auch als Matrikelnummer vergeben ist. Es gibt also Werte $n \in \mathbb{N}$, für die $p(n)$ nicht definiert ist, denen also keine Studierende zugeordnet wird.

(3) Sei $E = \{x \mid x \text{ ist ein Punkt auf der Erdoberfläche}\}$. Dann ist

$$f: E \to \mathbb{R}, \quad f(x) = \text{Lufttemperatur im Punkt } x,$$

eine Funktion.

Im Großteil des Buches werden wir Funktionen betrachten, die nicht auf beliebigen Teilmengen, sondern als Funktionen in reellen Variablen definiert sind. Dies wollen wir in der nächsten Definition präzisieren.

Definition 2.3

a) Für $n \in \mathbb{N}$ betrachten wir die Menge der *n-Tupel* reeller Zahlen als

$$\mathbb{R}^n = \{(x_1, x_2, \ldots, x_n) \mid x_1, x_2, \ldots, x_n \in \mathbb{R}\}.$$

Ist $P = (x_1, x_2, \ldots, x_n) \in \mathbb{R}^n$, so nennen wir P einen *Punkt* in $\mathbb{R}^n$ und die Zahlen $x_1, \ldots, x_n$ heißen *Einträge* oder *Koordinaten von P*.

b) Für $n = 2$ und $n = 3$ bezeichnen wir die Koordinaten von Punkten in $\mathbb{R}^2$ und $\mathbb{R}^3$ auch mit

$$\mathbb{R}^2 = \{(x, y) \mid x, y \in \mathbb{R}\}, \qquad \mathbb{R}^3 = \{(x, y, z) \mid x, y, z \in \mathbb{R}\}.$$

c) Sind $n \in \mathbb{N}$ und $D \subset \mathbb{R}^n$ und ist $f : D \to \mathbb{R}$ eine Funktion, so nennen wir f eine *Funktion in n Variablen.*

d) Ist $D \subset \mathbb{R}$, so nennen wir eine Funktion $f : D \to \mathbb{R}$ eine *reelle Funktion.*

e) Ist $D \subset \mathbb{R}$ und ist $f : D \to \mathbb{R}$ eine reelle Funktion, so nennen wir die Menge

$$\operatorname{Graph} f = \{(x, y) \in \mathbb{R}^2 \mid x \in D, \ y = f(x)\}$$

den *Graphen von f*.

Aus der Schule wissen wir bereits, dass wir $\mathbb{R}^2$ geometrisch als Ebene auffassen können, wobei die Einträge von Punkten in $\mathbb{R}^2$ die Koordinaten in horizontaler bzw. vertikaler Richtung angeben. Weiterhin haben wir in der Schule bereits gesehen, wie Funktionsgraphen als Teilmengen der Ebene gezeichnet werden können, sodass wir auf diesen Aspekt nicht weiter eingehen werden.

Bemerkung 2.4 In wirtschaftlichen Fragestellungen tauchen Funktionen in mehreren Variablen oft als sogenannte *Produktionsfunktionen* auf. Nehmen wir zum Beispiel an, dass ein Betrieb ein bestimmtes Produkt aus n unterschiedlichen Rohstoffen herstellt. Ist $x_i \in [0, +\infty)$ die verfügbare Menge des i-ten Rohstoffs (in einer fest gewählten Maßeinheit), so wird durch $(x_1, \ldots, x_n)$ ein Punkt in $\mathbb{R}^n$ beschrieben. Wir bezeichnen dann mit

$$f(x_1, \ldots, x_n) \in \mathbb{R}$$

die Menge des Produkts, die erzeugt werden kann, wenn jeweils x_i Einheiten des i-ten Rohstoffs vorhanden sind. Setzen wir

$$\mathbb{R}^n_{\geq 0} = \{(x_1, \ldots, x_n) \in \mathbb{R}^n \mid x_i \geq 0 \text{ für jedes } i \in \{1, 2, \ldots, n\}\},$$

so erhalten wir durch dieses f eine Funktion in n Variablen

$$f \colon \mathbb{R}^n_{\geq 0} \to \mathbb{R}.$$

Eine solche Funktion wird *Produktionsfunktion* genannt. Typische Beispiele für Produktionsfunktionen sind die sogenannten *Cobb-Douglas-Produktionsfunktionen*. Als solche bezeichnet man Funktionen der Form

$$f \colon \mathbb{R}^n_{\geq 0} \to \mathbb{R}, \qquad f(x_1, \ldots, x_n) = c \cdot x_1^{q_1} x_2^{q_2} \ldots x_n^{q_n},$$

wobei $c \in (0, +\infty)$ und $q_1, \ldots, q_n \in \mathbb{Q}$ fest gewählt seien.

Im Folgenden wollen wir uns bis auf Weiteres mit reellen Funktionen, also Funktionen in *einer* Variablen, befassen. Viele Grundtypen reeller Funktionen sollten Ihnen bereits aus der Schule bekannt sein, weshalb wir uns die wichtigsten Typen an dieser Stelle nur kurz in Erinnerung rufen möchten.

- Eine **konstante Funktion** ist von der Form

$$f \colon \mathbb{R} \to \mathbb{R}, \qquad f(x) = c,$$

  wobei $c \in \mathbb{R}$. Der Graph einer konstanten Funktion ist eine *Gerade*, die parallel zur x-Achse, also horizontal, ist.
- Eine **(affin-)lineare Funktion** ist von der Form

$$f \colon \mathbb{R} \to \mathbb{R}, \qquad f(x) = ax + b,$$

  wobei $a, b \in \mathbb{R}$ zwei fest gewählte Zahlen sind mit $a \neq 0$. Die Graphen linearer Funktionen sind *Geraden*, die nicht parallel zu einer der Koordinatenachsen sind.
- Eine **quadratische Funktion** ist eine Funktion der Form

$$f \colon \mathbb{R} \to \mathbb{R}, \qquad f(x) = ax^2 + bx + c,$$

  wobei $a, b, c \in \mathbb{R}$ fest gewählte Zahlen sind, sodass $a \neq 0$. Ein Graph einer quadratischen Funktion wird auch *Parabel* genannt.

- Allgemeiner ist ein **Polynom** eine Funktion der Form

$$p\colon \mathbb{R} \to \mathbb{R}, \qquad p(x) = a_n x^n + a_{n-1} x^{n-1} + \ldots + a_1 x + a_0 = \sum_{k=0}^{n} a_k x^k,$$

wobei $a_0, a_1, \ldots, a_n \in \mathbb{R}$. Wir sagen, dass p vom *Grad n* ist, falls $a_n \neq 0$. Beispielsweise ist

$$p(x) = 2x^5 + x^4 - 4x^2 + 8x + 7$$

ein Polynom vom Grad 5.

- Eine **Wurzelfunktion** ist eine Funktion der Form

$$f\colon [0, +\infty) \to \mathbb{R}, \qquad f(x) = \sqrt[n]{x},$$

wobei $n \in \mathbb{N}$ fest gewählt sei. Man beachte: Nach Definition können Wurzeln nur aus Zahlen in $[0, +\infty)$ gebildet werden. Also können Wurzelfunktionen nicht auf ganz $\mathbb{R}$, sondern nur auf $[0, +\infty)$ und ihren Teilmengen definiert werden.

- Eine **rationale Funktion** ist eine Funktion der Form

$$f\colon D(f) \to \mathbb{R}, \qquad f(x) = \frac{p(x)}{q(x)},$$

wobei p und q Polynome sind. Hierbei ist zu beachten, dass rationale Funktionen im Allgemeinen nicht auf ganz $\mathbb{R}$ definiert werden können, da der Ausdruck $f(x)$ nicht definiert ist, falls $q(x) = 0$. Der größtmögliche Definitionsbereich von $f(x) = \frac{p(x)}{q(x)}$ ist daher die Menge

$$D(f) = \{x \in \mathbb{R} \mid q(x) \neq 0\}.$$

Beispiel 2.5

(1) Die Funktion $f\colon \mathbb{R} \setminus \{0\} \to \mathbb{R}$, $f(x) = \frac{1}{x}$, ist eine rationale Funktion. Da der Nenner offensichtlich in 0 verschwindet, können wir sie in 0 nicht definieren.

(2) Die Funktion $f\colon D \to \mathbb{R}$,

$$f(x) = \frac{x^3 + 3x^2 + 3x + 1}{x^2 - 2x - 3},$$

ist eine rationale Funktion, wobei

$$D = \{x \in \mathbb{R} \mid x^2 - 2x - 3 \neq 0\} = \mathbb{R} \setminus \{x \in \mathbb{R} \mid x^2 - 2x - 3 = 0\}.$$

Um D einfacher zu beschreiben, bestimmen wir die Lösungen der quadratischen Gleichung. Mit der aus der Schule bekannten p-q-Formel erhalten wir als Lösungen

$$x_1 = 1 + \sqrt{1^2 - (-3)} = 1 + \sqrt{4} = 3, \qquad x_2 = 1 - \sqrt{4} = -1.$$

Damit ist für unser gegebenes f also

$$D = \mathbb{R} \setminus \{-1, 3\}$$

der größtmögliche Definitionsbereich.

Ein weiterer Grundtyp reeller Funktionen sind die **trigonometrischen Funktionen** Sinus, Kosinus und Tangens, die wir aber außen vor lassen möchten, da wir sie im Folgenden nicht benötigen werden.

Es gibt Funktionen, die sich nicht durch eine einfache Gleichung beschreiben lassen, die aber *abschnittsweise* bzw. *fallweise* definiert werden können. Die bedeutet, dass wir den Definitionsbereich in mehrere Teilmengen unterteilen können, für die es jeweils eine einfache Beschreibungsmöglichkeit gibt. (Hierbei ist zu beachten, dass die verschiedenen Fälle den gesamten Definitionsbereich beschreiben und sich untereinander nicht widersprechen dürfen!) Ein einfaches Beispiel dafür ist die folgende Funktion, die Sie ebenfalls aus der Schule kennen.

Definition 2.6 Die *Betragsfunktion* ist die Funktion

$$|\cdot| : \mathbb{R} \to \mathbb{R}, \qquad |x| = \begin{cases} x & \text{falls } x \geq 0, \\ -x & \text{falls } x < 0. \end{cases}$$

Man nennt $|x|$ auch einfach *den Betrag von x*. Der Betrag lässt also jede nichtnegative Zahl unverändert und „dreht das Vorzeichen um", wenn es sich um eine negative Zahl handelt.

Im Folgenden fassen wir die wichtigsten Regeln zum Umgang mit dem Betrag einer Zahl zusammen.

Rechenregeln 2.7 (Eigenschaften des Betrags). Für alle $x, y \in \mathbb{R}$ gelten:

(i) Ist $|x| = 0$, so ist $x = 0$.
(ii) $|xy| = |x| \cdot |y|$.
(iii) $|x + y| \leq |x| + |y|$.
(iv) $\sqrt{x^2} = |x|$.

Bemerkung 2.8 Die Rechenregel 2.7.(iii) wird auch als *Dreiecksungleichung* bezeichnet. Hierbei muss die Gleichheit nicht immer erfüllt sein: für $x = 1$ und $y = -1$ erhalten wir zum Beispiel, dass

$$|x + y| = |1 + (-1)| = |0| = 0$$

und

$$|x| + |y| = |1| + |-1| = 1 + 1 = 2.$$

Also ist hier $|x + y| < |x| + |y|$ und damit insbesondere $|x + y| \neq |x| + |y|$.

Um Gleichungen zu lösen, in denen Beträge auftauchen, muss man üblicherweise eine *Fallunterscheidung* anhand der einzelnen Fälle der Definition des Betrags durchführen.

Beispiel 2.9

(1) Wir suchen die Lösungen der Gleichung

$$|x + 1| = \frac{1}{2}x + 1.$$

Hierbei müssen wir die beiden Fälle unterscheiden, die den beiden Fällen der Definition des Betrags entsprechen.

Fall 1: $x \geq -1$. Dann ist $x + 1 \geq 0$, also gilt $|x + 1| = x + 1$. Damit folgt:

$$|x + 1| = \frac{1}{2}x + 1 \quad \Leftrightarrow \quad x + 1 = \frac{1}{2}x + 1 \quad \Leftrightarrow \quad x = 0.$$

Fall 2: $x < -1$. Dann ist $x + 1 < 0$, also gilt, dass $|x + 1| = -(x + 1)$. Wir erhalten:

$$|x+1| = \frac{1}{2}x + 1 \quad \Leftrightarrow \quad -(x+1) = \frac{1}{2}x + 1$$
$$\Leftrightarrow \quad -x - 1 = \frac{1}{2}x + 1 \quad | +x - 1$$
$$\Leftrightarrow \quad -2 = \frac{3}{2}x \quad \Leftrightarrow \quad x = -\frac{4}{3}.$$

Mit diesen beiden Fällen sind alle reellen Zahlen betrachtet, es kann also keine weiteren Lösungen geben. Damit erhalten wir, dass die Lösungsmenge von $|x + 1| = \frac{1}{2}x + 1$ gerade die Menge $\{-\frac{4}{3}, 0\}$ ist.

(2) Wir betrachten die Gleichung

$$x \cdot |x - 2| = 4 + x. \tag{2.1}$$

Wir unterscheiden wieder nach den beiden Fällen der Definition des Betrags.

Fall 1: $x \geq 2$. Dann ist $x - 2 \geq 0$, also ist $|x - 2| = x - 2$. In diesem Fall ist folglich

$$x \cdot |x - 2| = 4 + x$$
$$\Leftrightarrow \quad x \cdot (x - 2) = 4 + x \quad | \text{ Ausmultiplizieren}$$
$$\Leftrightarrow \quad x^2 - 2x = 4 + x \quad | -x - 4$$
$$\Leftrightarrow \quad x^2 - 3x - 4 = 0 \quad | p - q\text{-Formel}$$
$$\Leftrightarrow \quad x = 4 \quad \vee \quad x = -1.$$

Achtung Da wir in diesem Fall davon ausgehen, dass $x \geq 2$, ist von diesen beiden Lösungen jedoch nur $x = 4$ tatsächlich eine Lösung von (2.1).

Fall 2: $x < 2$. Hier ist $x - 2 < 0$, also nach Definition des Betrags $|x - 2| = -(x - 2) = 2 - x$. Damit berechnen wir in diesem Fall:

$$x \cdot |x - 2| = 4 + x$$
$$\Leftrightarrow \quad x \cdot (2 - x) = 4 + x$$
$$\Leftrightarrow \quad 2x - x^2 = 4 + x \quad | +x^2 - 2x$$
$$\Leftrightarrow \quad x^2 - x + 4 = 0.$$

Man sieht mit der p-q-Formel, dass diese quadratische Gleichung keine reelle Lösung besitzt. Also kommen in diesem Fall keine Lösungen hinzu. Da wir alle möglichen Fälle betrachtet haben, erhalten wir damit $\{4\}$ als Lösungsmenge der Gleichung.

Bevor wir weitere Eigenschaften reeller Funktionen untersuchen, schauen wir uns eine weitere Konstruktionen abschnittsweise definierter Funktionen an.

Anwendung 2.10 (Lineare Interpolation). Wir stellen uns ein Intervall $[a, b]$ als Zeitraum mit Startzeitpunkt a und Schlusszeitpunkt b vor, in dem wir einen Prozess beobachten, wie etwa ein physikalisches Experiment oder das Wachstum eines Pflanzenbestands. Hierbei soll eine reellwertige Größe gemessen werden, deren Verlauf wir als Funktion $f : [a, b] \to \mathbb{R}$ betrachten. Wir nehmen jedoch an, dass wir die Entwicklung von f nicht kontinuierlich messen, sondern nur zu festen Zeitpunkten

$$a = t_0 < t_1 < t_2 < \ldots < t_{n-1} < t_n = b.$$

Wir kennen also nicht den Verlauf von f, sondern nur die Messwerte $y_0, y_1, \ldots, y_n$, wobei y_j den Messwert zum Zeitpunkt t_j bezeichne. Um Näherungswerte für die gemessene Größe zu beliebigen Zeitpunkten zu bekommen, wollen wir die Messwerte zu einer Funktion $f : [a, b] \to \mathbb{R}$ erweitern. Hierzu wollen wir die Funktion konstruieren, deren Graphen wir erhalten, wenn wir die gegebenen „Punkte verbinden", d. h., wenn wir für jedes $j \in \{1, 2, \ldots, n\}$ das Geradenstück einzeichnen, dass die Punkte (t_{j-1}, y_{j-1}) und (t_j, y_j) miteinander verbindet. Der Graph einer solchen Funktion ist in Abb. 2.1 dargestellt.

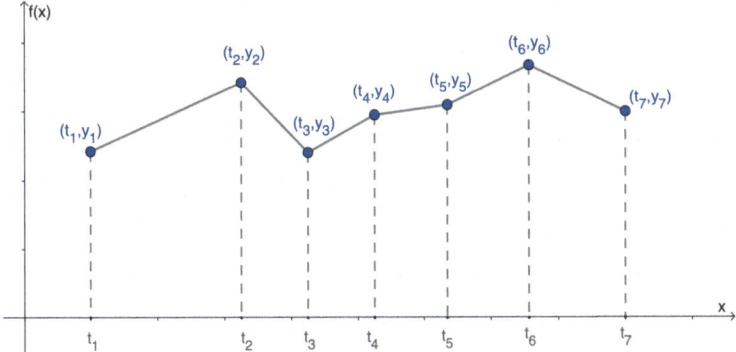

Abb. 2.1 Der Graph einer linearen Interpolationsfunktion

Sei nun $j \in \{1, 2, \ldots, n\}$ fest gewählt. Wir wissen, dass $f(t_{j-1}) = y_{j-1}$ und $f(t_j) = y_j$ gelten muss. Ist f nun zwischen t_{j-1} und t_j als lineare Funktion der Form $a \cdot x + b$ gegeben, so gilt folglich

$$a \cdot t_{j-1} + b = y_{j-1} \quad \text{und} \quad a \cdot t_j + b = y_j.$$

Ziehen wir die erste Gleichung von der zweiten ab, so ergibt sich, dass

$$a \cdot t_j - a \cdot t_{j-1} = y_j - y_{j-1} \Leftrightarrow a \cdot (t_j - t_{j-1}) = y_j - y_{j-1} \Leftrightarrow a = \frac{y_j - y_{j-1}}{t_j - t_{j-1}}.$$

(Hierbei durften wir durch $t_j - t_{j-1}$ teilen, da nach Annahme $t_{j-1} \neq t_j$ gilt.) Setzen wir die Formel für a in die erste Gleichung ein und stellen sie nach b um, so erhalten wir, dass

$$b = y_{j-1} - a \cdot t_{j-1} = y_{j-1} - \frac{y_j - y_{j-1}}{t_j - t_{j-1}} \cdot t_{j-1}.$$

Damit ist f für $x \in (t_{j-1}, t_j]$ gegeben durch die Funktionsvorschrift

$$\begin{aligned}f(x) = ax + b &= \frac{y_j - y_{j-1}}{t_j - t_{j-1}} \cdot x + y_{j-1} - \frac{y_j - y_{j-1}}{t_j - t_{j-1}} \cdot t_{j-1} \\ &= \frac{y_j - y_{j-1}}{t_j - t_{j-1}} \cdot (x - t_{j-1}) + y_{j-1}.\end{aligned}$$

Die *lineare Interpolationsfunktion* von $(t_0, y_0), (t_1, y_1), \ldots, (t_n, y_n)$ ist also gegeben durch

$$f(x) = \begin{cases} \frac{y_1 - y_0}{t_1 - t_0} \cdot (x - t_0) + y_0 & \text{falls } x \in [t_0, t_1], \\ \frac{y_2 - y_1}{t_2 - t_1} \cdot (x - t_1) + y_1 & \text{falls } x \in (t_1, t_2], \\ \quad \vdots & \quad \vdots \\ \frac{y_n - y_{n-1}}{t_n - t_{n-1}} \cdot (x - t_{n-1}) + y_{n-1} & \text{falls } x \in (t_{n-1}, t_n]. \end{cases}$$

Im Allgemeinen wird eine Funktion, deren Definitionsbereich wir in Intervalle einteilen können, auf denen sie jeweils als lineare Funktion gegeben ist, als *stückweise lineare Funktion* bezeichnet.

Als Nächstes schauen wir uns eine abstrakte Konstruktion für Abbildungen an, mithilfe derer viele interessante Funktionen konstruiert werden.

Definition 2.11 Seien A, B und C Mengen und seien $f: A \to B$ und $g: B \to C$ Abbildungen. Die *Verkettung von f und g* ist die Abbildung

$$g \circ f: A \to C, \qquad (g \circ f)(x) = g(f(x)).$$

(Wir wenden also *zuerst* f auf x und *dann* g auf das Ergebnis $f(x)$ an.)

Man beachte: damit die Verkettung $g \circ f$ definiert ist, muss der Wertebereich von f mit dem Definitionsbereich von g übereinstimmen, es muss also $W(f) = D(g)$ gelten.

Beispiel 2.12 Betrachte die reellen Funktionen $f: \mathbb{R} \to \mathbb{R}$, $f(x) = x + 1$, und $g: \mathbb{R} \to \mathbb{R}$, $g(x) = x^2$. Dann ist

$$(g \circ f)(x) = g(f(x)) = g(x+1) = (x+1)^2 = x^2 + 2x + 1$$

für jedes $x \in \mathbb{R}$, wenn wir *zuerst* f, *dann* g anwenden. Da f und g beide sowohl den Definitions- als auch den Wertebereich $\mathbb{R}$ haben, können wir auch die Verkettung andersherum betrachten, indem wir also *zuerst* g, *dann* f auf ein x anwenden. Wir berechnen für $x \in \mathbb{R}$:

$$(f \circ g)(x) = f(g(x)) = f(x^2) = x^2 + 1.$$

Man beachte, dass es sich bei den beiden Verkettungen um unterschiedliche Funktionen handelt!

In Beispiel 2.2 hatten wir eine Abbildung gesehen, die sich „rückwärts" nicht definieren lässt, nämlich die Zuordnung der Note zur Schülerin. Es gibt jedoch viele Abbildungen, die man wiederum durch Abbildungen „rückgängig machen" kann, was wir in der nächsten Definition formal einführen wollen.

Definition 2.13 Seien A und B Mengen. Eine Abbildung $f: A \to B$ heißt *umkehrbar*, wenn es eine Abbildung $g: B \to A$ gibt[1], sodass

$$(g \circ f)(x) = x$$

für jedes $x \in A$ und

$$(f \circ g)(y) = y$$

---
[1] Also in „Gegenrichtung" von f.

für jedes $y \in B$ erfüllt ist. Wir nennen g dann die *Umkehrabbildung von f* und bezeichnen sie mit $f^{-1} = g$. Falls A und B Teilmengen von $\mathbb{R}$ sind, nennen wir f^{-1} auch die *Umkehrfunktion von f*.

Bemerkung 2.14 *Achtung*, hier ist die Notation möglicherweise irreführend. Die Umkehrfunktion einer Funktion hat nichts mit dem Kehrwert des Funktionswerts zu tun! Ist f eine umkehrbare Funktion und ist f^{-1} ihre Umkehrfunktion, so gilt im Allgemeinen

$$f^{-1}(x) \neq (f(x))^{-1} = \frac{1}{f(x)}.$$

Beispiel 2.15

(1) Seien $a, b \in \mathbb{R}$ mit $a \neq 0$. Dann ist $f: \mathbb{R} \to \mathbb{R}$, $f(x) = ax + b$, umkehrbar. Um die Umkehrfunktion zu finden, können wir die Gleichung $f(x) = y$ aufstellen und nach x auflösen. Hier ist

$$ax + b = y \quad \Leftrightarrow \quad ax = y - b$$
$$\Leftrightarrow \quad x = \frac{1}{a}y - \frac{b}{a}.$$

Wir betrachten also die Funktion

$$g: \mathbb{R} \to \mathbb{R}, \qquad g(x) = \frac{1}{a} \cdot x - \frac{b}{a}.$$

Um zu sehen, dass g tatsächlich die Umkehrfunktion von f ist, rechnen wir für jedes $x \in \mathbb{R}$ nach, dass

$$(g \circ f)(x) = g(f(x)) = g(ax+b) = \frac{1}{a}(ax+b) - \frac{b}{a} = x + \frac{b}{a} - \frac{b}{a} = x$$

und

$$(f \circ g)(x) = f(g(x)) = f\left(\frac{1}{a}x - \frac{b}{a}\right) = a\left(\frac{1}{a}x - \frac{b}{a}\right) + b = x - b + b = x.$$

Damit haben wir gezeigt, dass f^{-1} tatsächlich die Umkehrfunktion von f ist.

(2) Sei $n \in \mathbb{N}$ mit $n \geq 2$. Wenden wir die n-te Potenzfunktion nur auf Zahlen in $[0, +\infty)$ an, so können wir sie als eine Abbildung

$$f_n : [0, +\infty) \to [0, +\infty), \qquad f_n(x) = x^n,$$

betrachten. Diese Abbildung f_n ist für jedes $n \in \mathbb{N}$ umkehrbar. Betrachten wir nämlich die Abbildung

$$g_n : [0, +\infty) \to [0, +\infty), \qquad g_n(x) = \sqrt[n]{x},$$

so gilt für jedes $x \in [0, +\infty)$, dass

$$(g_n \circ f_n)(x) = g_n(f_n(x)) = g_n(x^n) = \sqrt[n]{x^n} = x$$

und

$$(f_n \circ g_n)(x) = f_n(g_n(x)) = f_n(\sqrt[n]{x}) = (\sqrt[n]{x})^n = x.$$

Also ist g_n Umkehrabbildung von f_n, sodass f_n umkehrbar ist.

(3) Betrachten wir hingegen die quadratische Funktion

$$f : \mathbb{R} \to \mathbb{R}, \qquad f(x) = x^2,$$

als auf ganz $\mathbb{R}$ definierte Funktion, so ist f *nicht* umkehrbar. Ist nämlich $g : \mathbb{R} \to \mathbb{R}$ eine beliebige Funktion, so gilt zum Beispiel wegen $f(1) = 1^2 = 1$ und $f(-1) = (-1)^2 = 1$ stets, dass

$$(g \circ f)(1) = g(f(1)) = g(1) \qquad \text{und} \qquad (g \circ f)(-1) = g(f(-1)) = g(1).$$

Also ist $(g \circ f)(1) = (g \circ f)(-1)$, sodass $(g \circ f)(1) \neq 1$ oder $(g \circ f)(-1) \neq -1$ gelten muss. Damit kann g keine Umkehrfunktion von f sein, sodass f keine Umkehrfunktion besitzt.

2.2 Exponentialfunktionen und Logarithmen

In Abschn. 1.2 haben wir die unterjährige Verzinsung von Guthaben betrachtet. In Satz 1.45 haben wir gesehen, dass dabei der effektive Zinssatz durch

$$i_{\text{eff}} = \left(1 + \frac{i}{m}\right)^m$$

gegeben ist, wobei i den Zinssatz und m die Anzahl der Zinsperioden pro Jahr bezeichnet. Tatsächlich lässt sich hierbei allgemein zeigen, wie es in Beispiel 1.47 schon der Fall war, dass der effektive Zinssatz mit größer werdendem m immer und immer größer wird. Setzt man jedoch konkrete Werte für i ein, so stellt man fest, dass der Wert von $(1 + \frac{i}{m})^m$ für immer größer werdendes m nicht etwa explodiert, sondern sich immer näher einer bestimmten Zahl anzunähern scheint. Für diese Vorstellung gibt es eine mathematische Formulierung, die wir hier jedoch nicht in allen Details besprechen wollen.

Definition 2.16 Sei $L \in \mathbb{R}$. Für jedes $n \in \mathbb{N}$ sei $a_n \in \mathbb{R}$ eine reelle Zahl. Wenn sich die Zahlen a_n für größer und größer werdendes n dem Wert L beliebig nahe annähern[2], so nennt man L den *Grenzwert* oder *Limes* dieser Zahlen und schreibt
$$\lim_{n \to \infty} a_n = L.$$

Beispiel 2.17

(1) Sei $a_n = \frac{1}{n}$ für jedes $n \in \mathbb{N}$. Die a_n sind also gegeben wie in folgender Wertetabelle:

n	1	2	3	4	5	...	100	...
a_n	1	$\frac{1}{2}$	$\frac{1}{3}$	$\frac{1}{4}$	$\frac{1}{5}$	...	$\frac{1}{100}$	...

Für diese Zahlen gilt
$$\lim_{n \to \infty} \frac{1}{n} = 0.$$

(2) Sei $a_n = \frac{n}{n+1}$ für jedes $n \in \mathbb{N}$. In diesem Fall sind die a_n gegeben durch

n	1	2	3	4	5	...	100	...
a_n	$\frac{1}{2}$	$\frac{2}{3}$	$\frac{3}{4}$	$\frac{4}{5}$	$\frac{5}{6}$	...	$\frac{100}{101}$	...

Hier gilt, dass
$$\lim_{n \to \infty} \frac{n}{n+1} = 1.$$

---

[2] Man beachte, dass dies keine mathematisch präzise Definition ist. Da die formal korrekte Definition eines Grenzwerts für uns nicht wichtig ist, werden wir diese nicht behandeln. (Für alle Interessierten: L ist der Grenzwert der a_n, wenn es zu jedem $\varepsilon > 0$ ein $n_0 \in \mathbb{N}$ gibt, sodass $|a_n - L| < \varepsilon$ für jedes $n \geq n_0$ gilt.)

Mit fortgeschrittenen Methoden lässt sich zeigen, dass sich für *jedes* fest gewählte $x \in \mathbb{R}$ die Zahlen der Form $(1+\frac{x}{m})^m$ für größer und größer werdendes m beliebig nahe an eine gewisse reelle Zahl annähern.

Definition 2.18

a) Für jedes $x \in \mathbb{R}$ definieren wir eine Zahl $e^x \in \mathbb{R}$ durch

$$e^x = \lim_{n \to \infty} \left(1 + \frac{x}{n}\right)^n.$$

Es lässt sich zeigen, dass dieser Grenzwert für jedes $x \in \mathbb{R}$ definiert ist und dass $e^x > 0$ für jedes $x \in \mathbb{R}$ gilt.

b) Die *Eulersche Zahl* $e \in \mathbb{R}$ ist gegeben durch

$$e = e^1 = \lim_{n \to \infty} \left(1 + \frac{1}{n}\right)^n.$$

c) Die Funktion $f_e \colon \mathbb{R} \to (0, +\infty)$, $f_e(x) = e^x$, nennt man *Exponentialfunktion*.

Die Exponentialfunktion hat viele überraschende und nützliche Eigenschaften, die den Rechenregeln 1.18 ähneln.

Rechenregeln 2.19 (für die Exponentialfunktion). Für alle $x, y \in \mathbb{R}$ gilt:

(i) $e^0 = 1$,
(ii) $e^x \cdot e^y = e^{x+y}$,
(iii) $\dfrac{e^x}{e^y} = e^{x-y}$.
(iv) Ist $\frac{n}{k} \in \mathbb{Q}$, so gilt, dass $e^{\frac{n}{k}} = \sqrt[k]{e^n}$.

Hierbei besagt (iv), dass die Notation $e^{\frac{n}{k}}$ im Sinne von Definition 2.18.a), die ja zunächst einen Grenzwert bezeichnet, tatsächlich mit der $\frac{n}{k}$-ten Potenz von e im Sinne von Definition 1.17 übereinstimmt. Wir erzeugen also mit unserer „neuen" Definition von $e^{\frac{n}{k}}$ keinen Widerspruch.

Bemerkung 2.20

(1) Der Wert der Eulerschen Zahl berechnet sich zu etwa

$$e = 2{,}718281828459045\ldots$$

Es lässt sich zeigen, dass e *keine* rationale Zahl ist.

(2) Aus Rechenregel 2.19.(ii) folgt für jedes $x \in \mathbb{R}$, dass $(e^x)^2 = e^x \cdot e^x = e^{2x}$ und weiter

$$(e^x)^3 = (e^x)^2 \cdot e^x = e^{2x} \cdot e^x = e^{3x}, \qquad (e^x)^4 = (e^x)^2 \cdot (e^x)^2 = e^{2x} \cdot e^{2x} = e^{4x},$$

und allgemeiner, dass

$$(e^x)^n = e^{nx} \qquad \text{für jedes } n \in \mathbb{N}. \tag{2.2}$$

Anwendung 2.21 (Stetige Verzinsung). Wir erinnern uns, dass bei der unterjährigen Verzinsung in der Notation aus Abschn. 1.2 für die Zeitwerte der Anlage gilt, dass $K_j = K_{j-1} \cdot (1 + \frac{i}{m})^m$. Durch die Exponentialfunktion können wir nun ausdrücken, was passiert, wenn m größer und größer wird, d. h., wenn die Zinsperioden kleiner und kleiner gewählt werden. Es folgt, dass wir dann eine Art „Grenzfall" der unterjährigen Verzinsungen betrachten können, was wir nun formalisieren wollen.

Wir sagen, dass $K_0 \in$ über n Jahre zum Zinssatz i *stetig verzinst* werden, wenn für die Zeitwerte für $j \in \{1, 2, \ldots, n\}$ gilt, dass

$$K_j = K_{j-1} \cdot e^i.$$

Hieraus erhält man leicht die Endwertformel

$$K_n = K_0 \cdot (e^i)^n = K_0 \cdot e^{ni},$$

wobei wir Bemerkung 2.20.(2) benutzt haben.

Während man lange nach Banken suchen müsste, die stetig verzinste Konten anbieten, spielt die stetige Verzinsung trotzdem eine wichtige Rolle in der Finanzmathematik. Sie wird nämlich genutzt, um komplexe Finanzprodukte zu *bewerten* und damit angemessene Preise für Optionsscheine und andere Produkte zu finden.

Die folgende Funktion sollte ihnen genau wie die Exponentialfunktion bereits kurz in der Schule begegnet sein.

Satz/Definition 2.22 *Die Exponentialfunktion* $f_e \colon \mathbb{R} \to (0, +\infty)$ *ist umkehrbar. Ihre Umkehrfunktion heißt* natürlicher Logarithmus *und wird mit*

$$\ln \colon (0, +\infty) \to \mathbb{R}, \qquad \ln = f_e^{-1},$$

bezeichnet.

Bemerkung 2.23 Schreiben wir $f_e(x)$ wie gewohnt als e^x, so können wir die Eigenschaft, dass $\ln x$ die Umkehrfunktion von e^x ist, auch ausdrücken durch

$$\ln(e^x) = x \quad \text{für jedes } x \in \mathbb{R}, \qquad e^{\ln y} = y \quad \text{für jedes } y \in (0, +\infty).$$

Sei nun $a \in (0, +\infty)$ eine positive reelle Zahl. Wir haben in Definition 1.17 zunächst den Ausdruck a^q für den Fall definiert, dass $q \in \mathbb{Q}$. Aus praktischen Gründen wollen wir alle diese Werte zu einer reellen Funktion zusammenfassen, wir wollen nämlich dem Ausdruck a^x einen Sinn geben, wenn $x \in \mathbb{R}$ beliebig gewählt ist.

Sei dazu zunächst $n \in \mathbb{N}$ beliebig. Da $a = e^{\ln a}$, können wir mit Gl. (2.2) berechnen, dass

$$a^n = \left(e^{\ln a}\right)^n = e^{n \cdot \ln a}.$$

Der Ausdruck $e^{n \cdot \ln a}$ ist jedoch auch definiert, wenn wir $n \in \mathbb{N}$ durch ein beliebiges $x \in \mathbb{R}$ ersetzen. Dies ist der Ausgangspunkt für die folgende Definition.

Definition 2.24 Sei $a \in (0, +\infty)$.

a) Für $x \in \mathbb{R}$ definieren wir $a^x \in (0, +\infty)$ durch

$$a^x = e^{x \cdot \ln a}.$$

b) Die Funktion $f_a \colon \mathbb{R} \to (0, +\infty)$, $f_a(x) = a^x$, heißt *Exponentialfunktion zur Basis a* oder *allgemeine Potenz zur Basis a*.

Die Potenzgesetze, die wir in Kap. 1 mit natürlichen Zahlen in den Exponenten betrachtet haben, lassen sich tatsächlich auch auf allgemeine Potenzen übertragen.

Rechenregeln 2.25 (Verallgemeinerte Potenzgesetze). Für alle $a, b \in (0, +\infty)$ und $x, y \in \mathbb{R}$ gilt:

(i) $a^x \cdot a^y = a^{x+y}$,
(ii) $\dfrac{a^x}{a^y} = a^{x-y}$,
(iii) $(a^x)^y = a^{x \cdot y}$,
(iv) $a^x \cdot b^x = (a \cdot b)^x$,

(v) $\dfrac{a^x}{b^x} = \left(\dfrac{a}{b}\right)^x$.

(vi) Für alle $\frac{n}{k} \in \mathbb{Q}$ ist $e^{\frac{n}{k} \ln a} = \sqrt[k]{a^n}$. (Die Definitionen von $a^{\frac{n}{k}}$ aus Definition 1.17.d) und 2.24.a) stimmen also überein.)

Ebenso wie die Exponentialfunktion zur Basis e lassen sich Exponentialfunktionen zu anderen Basen umkehren.

Satz/Definition 2.26 *Sei $a \in (0, +\infty)$ mit $a \neq 1$. Die Exponentialfunktion $f_a : \mathbb{R} \to (0, +\infty)$ ist umkehrbar. Ihre Umkehrfunktion wird* Logarithmus zur Basis a *genannt und mit*

$$\log_a : (0, +\infty) \to \mathbb{R}, \qquad \log_a = f_a^{-1},$$

bezeichnet.

Bemerkung 2.27

(1) Sei $a \in (0, +\infty)$ mit $a \neq 1$. Analog zum natürlichen Logarithmus gilt laut Definition von $\log_a$, dass

$$\log_a(a^x) = x \qquad \text{für jedes } x \in \mathbb{R},$$
$$a^{\log_a(y)} = y \qquad \text{für jedes } y \in (0, +\infty).$$

(2) Man beachte, dass nach Definition gilt, dass $\log_e = \ln$.

Das Rechnen mit Logarithmen ist zunächst etwas unintuitiv und ungewohnt, weshalb wir uns einige Beispiele anschauen.

Beispiel 2.28

(1) Es ist

$$\log_2(8) = \log_2(2^3) = 3, \quad \log_2(\sqrt{2}) = \log_2\left(2^{\frac{1}{2}}\right) = \frac{1}{2},$$
$$\log_2\left(\frac{1}{2}\right) = \log_2\left(2^{-1}\right) = -1.$$

(2) Wir berechnen mit den Potenzgesetzen, dass

$$\log_4(2) = \log_4(\sqrt{4}) = \log_4(4^{\frac{1}{2}}) = \frac{1}{2}.$$

(3) In der Informatik spielen Potenzen der 10 und folglich auch $\log_{10}$ eine große Rolle. Es ist

$$\log_{10}(10) = 1, \ \log_{10}(100) = \log_{10}(10^2) = 2,$$
$$\log_{10}(1000) = \log_{10}(10^3) = 3, \ \ldots$$

In diesem Fall ist $\log_{10}$ einer Potenz von 10 also durch die Anzahl der Nullen gegeben.

Aus den allgemeinen Potenzgesetzen lassen sich Rechenregeln für Logarithmen herleiten. Sind beispielsweise $x, y \in (0, +\infty)$, so berechnen wir mit Rechenregel 2.25.(ii), dass

$$x \cdot y = a^{\log_a(x)} \cdot a^{\log_a(y)} = a^{\log_a(x) + \log_a(y)}.$$

Folglich ist

$$\log_a(x \cdot y) = \log_a\left(a^{\log_a(x) + \log_a(y)}\right) = \log_a(x) + \log_a(y).$$

Diese und andere Rechenregeln, die sich mithilfe der verallgemeinerten Potenzgesetze herleiten lassen, fassen wir im Folgenden zusammen.

Rechenregeln 2.29 (Logarithmengesetze). Sei $a \in (0, +\infty)$ mit $a \neq 1$. Für alle $b \in \mathbb{R}$ und $x, y \in (0, +\infty)$ gilt:

(i) $\log_a(1) = 0$,
(ii) $\log_a(x \cdot y) = \log_a(x) + \log_a(y)$,
(iii) $\log_a\left(\dfrac{x}{y}\right) = \log_a(x) - \log_a(y)$,
(iv) $\log_a(x^b) = b \cdot \log_a(x)$.

In der Praxis wird häufig nur mit dem natürlichen Logarithmus gerechnet. Es lassen sich nämlich mithilfe der folgenden Formeln *alle* Logarithmen nur durch den natürlichen Logarithmus ausdrücken.

Satz 2.30 (Basiswechsel von Logarithmen). *Sei $a \in (0, +\infty)$ mit $a \neq 1$. Für jedes $x \in (0, +\infty)$ gilt*

$$\boxed{\log_a(x) = \frac{\ln x}{\ln a}.}$$

Beweis Setze $b = \log_a(x)$. Wenden wir Rechenregeln 2.25 zur Basis e an, so erhalten wir, dass

$$\ln(x) = \ln(a^b) = b \cdot \ln a = \log_a(x) \cdot \ln a.$$

Wenn wir dies nach $\log_a(x)$ umstellen, ergibt sich sofort die Behauptung. □

Mithilfe von Logarithmen können wir unsere Methoden der Zinsrechnung noch etwas erweitern. In Abschn. 1.2 haben wir Geldanlagen mit fester Laufzeit betrachtet und aus der Ausgangssumme bzw. den Sparraten und der Laufzeit Formeln für den Endwert hergeleitet. Nun können wir auch Fragen nach der Laufzeit beantworten, wenn die anderen Werte vorgegeben sind.

Anwendung 2.31 Wir nehmen an, dass K_0 € geometrisch verzinst zu einem festen Zinssatz i angelegt sind und dass wir einen bestimmten Zielbetrag Z € erreichen wollen. Wieviele Jahre dauert es, bis mindestens Z € auf dem Konto sind?

Hierzu lösen wir mithilfe von Logarithmen die Endwertformel der geometrischen Verzinsung (Satz 1.33) mit $K_n = Z$ nach n auf.

$$K_0 \cdot (1+i)^n = Z \quad | \ : K_0$$
$$\Leftrightarrow \quad (1+i)^n = \frac{Z}{K_0} \quad | \text{ wende } \log_{1+i} \text{ an}$$
$$\Leftrightarrow \quad n = \log_{1+i}\left(\frac{Z}{K_0}\right).$$

Mit Satz 2.30 und Rechenregel 2.29.(iii) leiten wir daraus her, dass

$$\boxed{n = \frac{\ln\left(\frac{Z}{K_0}\right)}{\ln(1+i)} = \frac{\ln Z - \ln K_0}{\ln(1+i)}.}$$

Betrachten wir den Fall, dass 20.000 € zu 4 % verzinst seien und dass unser Zielbetrag 30.000 € sind. Dann ist also $K_0 = 20.000$, $Z = 30.000$ und $i = 0{,}04$ und wir erhalten aus obiger Formel, dass

$$n = \frac{\ln(\frac{30.000}{20.000})}{\ln(1{,}04)} = \frac{\ln(1{,}5)}{\ln(1{,}04)} \approx 10{,}338.$$

Da wir nur einmal im Jahr Zinsen erhalten, lesen wir daraus ab, dass das Konto nach 11 Jahren den Zielbetrag erreicht oder überschritten hat.

2.3 Differenzierbare Funktionen

Eine der wichtigsten Eigenschaften reeller Funktionen wollen wir hier nur anreißen und nicht formal definieren, da die genaue Definition für unser weiteres Vorgehen nicht so wichtig ist.

Definition 2.32 Sei $D \subset \mathbb{R}$, sei $f: D \to \mathbb{R}$ eine reelle Funktion und sei $a \in D$.

a) Sei $L \in \mathbb{R}$. Wir sagen, dass f in a *den Grenzwert* oder *den Limes L hat*, wenn Folgendes gilt: nähern wir $x \in D$ beliebig nahe an a an, so nähert sich $f(x)$ beliebig nahe an L an. In diesem Fall schreiben wir auch

$$\lim_{x \to a} f(x) = L.$$

b) f heißt *stetig in a*, wenn Folgendes gilt: nähern wir $x \in D$ beliebig nahe an a an, so nähert sich $f(x)$ beliebig nahe an $f(a)$ an. Es ist f also stetig in a, wenn

$$\lim_{x \to a} f(x) = f(a).$$

c) Wir nennen f *stetig*, wenn f in jedem $a \in D$ stetig ist.

Bemerkung 2.33 Anschaulich ist eine reelle Funktion stetig, wenn man ihren Graphen zeichnen kann ohne dabei den Stift absetzen zu müssen. Die Funktionswerte machen also keine „Sprünge".

Satz 2.34 *Konstante Funktionen, lineare Funktionen, quadratische Funktionen, allgemeine Polynome, Wurzelfunktionen, rationale Funktionen, Exponentialfunktionen, Logarithmen und die Betragsfunktion sind stetig.*

Schauen wir uns ein Beispiel für eine Funktion an, die *nicht* stetig ist.

Beispiel 2.35 Betrachte die sogenannte *Signum-Funktion*, die gegeben ist durch

$$\text{sgn}: \mathbb{R} \to \mathbb{R}, \qquad \text{sgn}(x) = \begin{cases} 1 & \text{falls } x > 0, \\ 0 & \text{falls } x = 0, \\ -1 & \text{falls } x < 0. \end{cases}$$

Nähern wir uns mit kleinen positiven Zahlen an die 0 an, so wissen wir, dass die Funktionswerte konstant 1 sind, Genauso sind für kleine negative Werte die Funktionswerte immer -1. Insbesondere können sich also die Funktionswerte nicht an $\operatorname{sgn}(0) = 0$ annähern, wenn wir näher und näher an die 0 heranrücken. Damit kann $\operatorname{sgn}(x)$ in 0 nicht stetig sein.

Wir wollen uns nun der Differenzierbarkeit und Ableitungen von Funktionen widmen. Anschaulich wollen wir ein Maß für die *Steigung des Graphen von f* in einem Punkt $(a, f(a))$ finden. Da wir die Steigung zunächst nur für Geraden konkret angeben können, wollen wir für unsere Zwecke die *Steigung der Geraden, die den Graphen von f im Punkt $(a, f(a))$ berührt,* der sogenannten *Tangente von f in a,* messen.

Sei $I \subset \mathbb{R}$ ein Intervall und sei $f : I \to \mathbb{R}$ eine reelle Funktion. Für $a, x \in I$ mit $x \neq a$ definieren wir

$$m_f(x, a) = \frac{f(x) - f(a)}{x - a}.$$

Analog zur linearen Interpolation in Anwendung 2.10 sieht man, dass $m_f(x, a)$ die Steigung der Geraden durch die Punkte $(a, f(a))$ und $(x, f(x))$ angibt. Eine solche Gerade durch zwei Punkte auf dem Graphen von f nennt man eine *Sekante* des Graphen von f. In Abb. 2.2 wird eine solche Sekante zusammen mit einer Tangente dargestellt.

Nähern wir uns nun mit x an a an, so *nähern sich die Steigungen der Sekanten an die Steigung der Tangente an* – sofern die Funktion bei a keine Knicke oder Sprünge macht.

Definition 2.36 Sei $I \subset \mathbb{R}$ ein Intervall, sei $f : I \to \mathbb{R}$ eine reelle Funktion und sei $a \in I$.

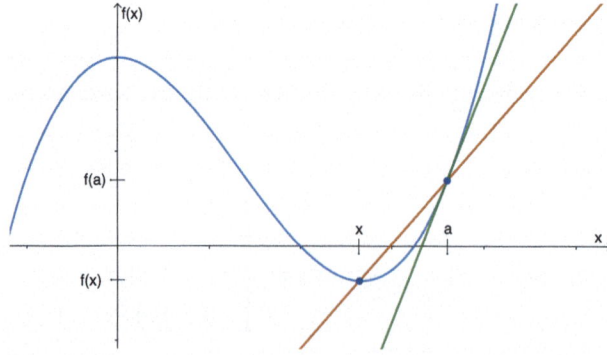

Abb. 2.2 Die Sekante des Graphen von f durch die Punkte $(x, f(x))$ und $(a, f(a))$

a) f ist *differenzierbar in* a, wenn der Grenzwert

$$f'(a) = \lim_{x \to a} m_f(x, a) = \lim_{x \to a} \frac{f(x) - f(a)}{x - a}$$

existiert. In diesem Fall nennen wir $f'(a)$ *die (erste) Ableitung von* f *in* a.

b) Wir sagen, dass f *differenzierbar* ist, wenn f in *jedem* $a \in I$ differenzierbar ist.

c) Ist f in a differenzierbar, so heißt die lineare Funktion

$$t_a: \mathbb{R} \to \mathbb{R}, \qquad t_a(x) = f(a) + f'(a) \cdot (x - a),$$

die *Tangente von* f *in* a.

Durch die Betrachtung von Beispielen überzeugt man sich davon, dass der Graph der Tangente t_a tatsächlich die Gerade ist, die den Graphen von f in $(a, f(a))$ im Vergleich zu allen anderen Geraden am besten annähert. Deshalb kann man $t_a(x)$ auch, *falls x nahe bei a liegt*, als Näherungswert von f betrachten. Dies schreibt man auch etwas ungenau als

$$f(x) \approx f(a) + f'(a) \cdot (x - a).$$

Leider gibt es keine allgemeine Antwort darauf, wie gut diese Annäherung ist. Hierzu muss man (was wir in diesem Buch nicht tun werden) die Funktion genauer unter die Lupe nehmen.

Beispiel 2.37

(1) Sei $f: \mathbb{R} \to \mathbb{R}$, $f(x) = x^2$, und sei $a \in \mathbb{R}$. Wir berechnen für $x \in \mathbb{R}$ mit $x \neq a$, dass

$$m_f(x, a) = \frac{f(x) - f(a)}{x - a} = \frac{x^2 - a^2}{x - a} = \frac{(x + a)(x - a)}{x - a} = x + a,$$

wobei wir die dritte binomische Formel (Satz 1.12.(3)) benutzt haben. Folglich ist f in a differenzierbar und es gilt

$$f'(a) = \lim_{x \to a} m_f(x, a) = \lim_{x \to a}(x + a) = 2a.$$

(2) Die Funktion $f\colon \mathbb{R} \to \mathbb{R}$, $f(x) = |x|$, ist in 0 nicht differenzierbar: Ist $x > 0$, so gilt

$$m_f(x, 0) = \frac{f(x) - f(0)}{x - 0} = \frac{|x|}{x} = \frac{x}{x} = 1.$$

Ist hingegen $x < 0$, so ist

$$m_f(x, 0) = \frac{|x|}{x} = \frac{-x}{x} = -1.$$

Da der Grenzwert $\lim_{x \to 0} m_f(x, 0)$ jedoch nicht gleichzeitig 1 und -1 sein kann, existiert dieser Grenzwert nicht, sodass f in 0 nicht differenzierbar ist.

(3) Die Signum-Funktion $\operatorname{sgn}\colon \mathbb{R} \to \mathbb{R}$ aus Beispiel 2.35 ist in 0 nicht differenzierbar: Für $x > 0$ gilt etwa, dass

$$m_{\operatorname{sgn}}(x, 0) = \frac{\operatorname{sgn}(x) - \operatorname{sgn}(0)}{x - 0} = \frac{1}{x}.$$

Nähern wir uns jedoch mit x an 0 an, so wird der Wert von $m_{\operatorname{sgn}}(x, 0)$ folglich immer und immer größer, sodass es keinen Grenzwert geben kann. Also ist sgn in 0 nicht differenzierbar.

Bemerkung 2.38 Allgemein lässt sich zeigen, dass jede Funktion $f\colon I \to \mathbb{R}$, die in einem $a \in I$ differenzierbar ist, auch stetig in a ist. Umgekehrt muss jedoch nicht jede Funktion, die stetig in einem Punkt ist, dort auch differenzierbar sein. Ein Gegenbeispiel dafür ist die Betragsfunktion in Beispiel 2.37.(2).

Ein Großteil der Funktionen, die wir hier betrachten, sind tatsächlich differenzierbar. Ihre Ableitungen sollten Ihnen größtenteils aus der Schule bekannt sein, daher stellen wir sie in den folgenden Rechenregeln nur kurz zusammen.

Rechenregeln 2.39 (Ableitungen von Grundfunktionen).

(i) Die folgenden Funktionen sind auf ihrem gesamten Definitionsbereich differenzierbar. Ihre Ableitungen lauten wie angegeben.

Funktion	Ableitung
$f(x) = c$, wobei $c \in \mathbb{R}$	$f'(x) = 0$
$f(x) = x^n$, wobei $n \in \mathbb{N}$	$f'(x) = n \cdot x^{n-1}$
$f(x) = \sin x$	$f'(x) = \cos x$
$f(x) = \cos x$	$f'(x) = -\sin x$
$f(x) = e^x$	$f'(x) = e^x$
$f(x) = \ln x$	$f'(x) = \frac{1}{x}$

(ii) Für jedes $q \in \mathbb{Q} \setminus \{0\}$ ist die Funktion $f : (0, +\infty) \to \mathbb{R}$, $f(x) = x^q$, differenzierbar mit
$$f'(x) = q \cdot x^{q-1}.$$

Bemerkung 2.40 Nach Rechenregel 2.39.(ii) ist für $k \geq 2$ die Wurzelfunktion $f_k(x) = \sqrt[k]{x} = x^{\frac{1}{k}}$ in jedem $x \in (0, +\infty)$ differenzierbar mit

$$f_k'(x) = \frac{1}{k} \cdot x^{\frac{1}{k}-1} = \frac{1}{k} x^{-\frac{k-1}{k}} = \frac{1}{k} \cdot \frac{1}{x^{\frac{k-1}{k}}} = \frac{1}{k\sqrt[k]{x^{k-1}}}.$$

Insbesondere gilt für $f_2(x) = \sqrt{x}$, dass

$$f_2'(x) = \frac{1}{2\sqrt{x}}.$$

Es lässt sich jedoch zeigen, dass die Wurzelfunktionen in $x = 0$ *nicht* differenzierbar sind.

Weiterhin gibt es einige wichtige Ableitungsregeln, mit denen man Funktionen, die sich aus den Grundfunktionen zusammensetzen, ableiten kann. Beherrschen wir diese Regeln und kennen wir die Ableitungen der Grundfunktionen, so können wir damit die allermeisten Funktionen ableiten, die uns in praktischen Anwendungen begegnen.

Rechenregeln 2.41 (Ableitungsregeln). Sei $I \subset \mathbb{R}$ ein Intervall, sei $a \in I$ und seien $f : I \to \mathbb{R}$ und $g : I \to \mathbb{R}$ in a differenzierbare, reelle Funktionen. Dann gilt:

(i) *(Summenregel)* Die Funktion $f+g\colon I \to \mathbb{R}$, $(f+g)(x) = f(x)+g(x)$ ist in a differenzierbar und es gilt

$$\boxed{(f+g)'(a) = f'(a) + g'(a).}$$

Analog ist $(f-g)'(a) = f'(a) - g'(a)$, wobei $f-g$ durch $(f-g)(x) = f(x) - g(x)$ gegeben ist.

(ii) *(Faktorregel)* Sei $\lambda \in \mathbb{R}$. Dann ist $\lambda f \colon I \to \mathbb{R}$, $(\lambda f)(x) = \lambda \cdot f(x)$, in a differenzierbar und es gilt

$$\boxed{(\lambda f)'(a) = \lambda \cdot f'(a).}$$

(iii) *(Produktregel)* Die Funktion $f \cdot g \colon I \to \mathbb{R}$, $(f \cdot g)(x) = f(x) \cdot g(x)$, ist in a differenzierbar und es gilt

$$\boxed{(f \cdot g)'(a) = f'(a) \cdot g(a) + f(a) \cdot g'(a).}$$

(iv) *(Quotientenregel)* Nehme an, dass $g(x) \neq 0$ für jedes $x \in I$ gelte. Dann ist die Funktion $\frac{f}{g} \colon I \to \mathbb{R}$, $\frac{f}{g}(x) = \frac{f(x)}{g(x)}$, in a differenzierbar und es gilt

$$\boxed{\left(\frac{f}{g}\right)'(a) = \frac{f'(a) \cdot g(a) - f(a) \cdot g'(a)}{(g(a))^2}.}$$

(v) *(Kettenregel)* Sei $J \subset \mathbb{R}$ ein weiteres Intervall, sei $\varphi \colon J \to I$ eine Funktion[3] und sei $a_0 \in J$. Ist φ differenzierbar in a und f differenzierbar in $\varphi(a)$, so ist $f \circ \varphi \colon J \to \mathbb{R}$ differenzierbar in a und es gilt

$$\boxed{(f \circ \varphi)'(a) = f'(\varphi(a)) \cdot \varphi'(a).}$$

Bemerkung 2.42 Aus den Rechenregeln 2.41.(i) und (ii) können wir eine allgemeine Formel für die Ableitungen von Polynomen herleiten. Ist

$$p(x) = a_n x^n + a_{n-1} x^{n-1} + \cdots + a_2 x^2 + a_1 x + a_0$$

---

[3] Man beachte, dass der Wertebereich von φ so gewählt ist, dass die Verkettung $f \circ \varphi$ definiert ist.

ein Polynom, wobei $n \in \mathbb{N}$ und $a_0, a_1, \ldots, a_n \in \mathbb{R}$, so ist p differenzierbar und für jedes $x \in \mathbb{R}$ gilt

$$p'(x) = na_n x^{n-1} + (n-1)a_{n-1}x^{n-2} + \cdots + 2a_2 x + a_1.$$

So ist zum Beispiel die Ableitung von $f(x) = 2x^4 + 3x^3 - 4x^2 + 2x + 1$ gegeben durch

$$f'(x) = 8x^3 + 9x^2 - 8x + 2.$$

Beispiel 2.43

(1) Sei $f : \mathbb{R} \to \mathbb{R}$, $f(x) = x^2 e^x$. Dann ist f differenzierbar und nach der Produktregel und den Ableitungen aus den Rechenregeln 2.39 ist

$$\begin{aligned} f'(x) &= (x^2)' \cdot e^x + x^2 \cdot (e^x)' \\ &= 2x \cdot e^x + x^2 \cdot e^x = (x^2 + 2x)e^x. \end{aligned}$$

(2) Sei $f : \mathbb{R} \to \mathbb{R}$, $f(x) = \frac{2x^3}{x^2+3}$. Dann ist f differenzierbar und nach der Quotientenregel gilt

$$\begin{aligned} f'(x) &= \frac{(2x^3)' \cdot (x^2 + 3) - 2x^3 \cdot (x^2 + 3)'}{(x^2 + 3)^2} \\ &= \frac{6x^2(x^2 + 3) - 2x^3 \cdot 2x}{(x^2 + 3)^2} \\ &= \frac{6x^4 + 18x^2 - 4x^4}{x^4 + 6x^2 + 9} \\ &= \frac{2x^4 + 18x^2}{x^4 + 6x^2 + 9}. \end{aligned}$$

(3) Sei $f : \mathbb{R} \to \mathbb{R}$, $f(x) = e^{-x}$. Dann ist $f = f_e \circ g$, wobei f_e wieder die Exponentialfunktion bezeichne und $g(x) = -x$. Nach der Kettenregel ist dann

$$f'(x) = f'_e(g(x)) \cdot g'(x) = f_e(-x) \cdot (-1) = -e^{-x},$$

wobei wir benutzt haben, dass für die Exponentialfunktion $f'_e = f_e$ gilt.

(4) Die Ableitungsregeln können auch in Kombination miteinander benutzt werden. Betrachte etwa $f\colon \mathbb{R} \to \mathbb{R}$, $f(x) = x^3 \sin(x^2)$. Nach der Produktregel ist dann

$$f'(x) = 3x^2 \cdot \sin(x^2) + x^3 \cdot (\sin(x^2))'.$$

Es ist $\sin(x^2) = (\sin \circ g)(x)$, wobei $g(x) = x^2$. Da $\sin$ und g differenzierbar sind, ist $\sin(x^2)$ nach der Kettenregel differenzierbar und es gilt

$$(\sin \circ g)'(x) = \sin'(g(x)) \cdot g'(x) = \sin'(x^2) \cdot 2x = 2x \cos(x^2).$$

Dies setzen wir in die Rechnung für $f'(x)$ ein und erhalten

$$f'(x) = 3x^2 \sin(x^2) + 2x^4 \cos(x^2).$$

Mithilfe der Ableitungsregeln können wir ebenfalls allgemeine Formeln für die Ableitungen von Exponentialfunktionen und Logarithmen zu beliebigen Basen herleiten.

Satz 2.44 *Sei $a \in (0, +\infty)$. Dann sind $f_a\colon \mathbb{R} \to (0, +\infty)$, $f_a(x) = a^x$, und $\log_a\colon (0, +\infty) \to \mathbb{R}$ differenzierbar. Genauer gilt*

$$f_a'(x) = (\ln a) \cdot a^x \ \textit{für alle}\ x \in \mathbb{R}, \ \log_a'(x) = \frac{1}{x \cdot \ln a} \quad \textit{für alle}\ x \in (0, +\infty).$$

Beweis Nach Definition ist $f_a(x) = e^{(\ln a) \cdot x}$. Dies können wir schreiben als $f_a = f_e \circ g$, wobei $g\colon \mathbb{R} \to \mathbb{R}$, $g(x) = (\ln a) \cdot x$. Als lineare Funktion ist g differenzierbar und mit der Kettenregel erhalten wir, dass f_a differenzierbar ist mit

$$f_a'(x) = f_e'(g(x)) \cdot g'(x) = e^{(\ln a)x} \cdot (\ln a) = (\ln a) \cdot a^x.$$

Nach der Basiswechselformel für Logarithmen (Satz 2.30) gilt

$$\log_a(x) = \frac{1}{\ln a} \cdot \ln x.$$

Nach der Faktorregel ist $\log_a$ folglich differenzierbar mit

$$\log_a'(x) = \frac{1}{\ln a} \cdot \ln'(x) = \frac{1}{x \cdot \ln a}.$$

□

Mithilfe der Kettenregel können wir eine Näherungsformel der Zinsrechnung herleiten.

Anwendung 2.45 („Regel der 70"). Eine Faustregel der Geldanlage besagt, dass es bei einem effektiven Jahreszins von p_{eff}% ungefähr $\frac{70}{p_{\text{eff}}}$ Jahre dauert, bis sich das angelegte Geld *verdoppelt* hat. Woher kommt diese Regel? Ist K_0 € der Ausgangsbetrag, so soll für den Endwert nach n Jahren also gelten, dass $K_n = 2K_0$. Mit der Endwertformel der geometrischen Verzinsung erhalten wir dann:

$$
\begin{aligned}
& 2K_0 = K_0 \cdot (1 + i_{\text{eff}})^n && |\ : K_0 \\
\Leftrightarrow\ & 2 = (1 + i_{\text{eff}})^n && |\ \text{wende ln an} \\
\Leftrightarrow\ & \ln 2 = \ln((1 + i_{\text{eff}})^n) && |\ \text{Rechenregel 2.29.(iv)} \\
\Leftrightarrow\ & \ln 2 = n \cdot \ln(1 + i_{\text{eff}}) && |\ : \ln(1 + i_{\text{eff}}) \\
\Leftrightarrow\ & n = \frac{\ln 2}{\ln(1 + i_{\text{eff}})}.
\end{aligned}
$$

Schreiben wir $f(x) = \ln(1+x)$, so ist f nach der Kettenregel differenzierbar mit

$$f'(x) = \frac{1}{1+x} \cdot (1+x)' = \frac{1}{1+x} \cdot 1 = \frac{1}{1+x}.$$

Insbesondere ist $f'(0) = 1$. Die Tangente von f in 0 ist daher gegeben durch

$$t_0(x) = f(0) + f'(0)(x - 0) = \ln 1 + x = x.$$

Da i_{eff} bei den üblichen Zinssätzen nahe bei 0 liegt, können wir die Tangente als Annäherung von f in i_{eff} nehmen und erhalten, dass

$$\ln(1 + i_{\text{eff}}) = f(i_{\text{eff}}) \approx t_0(i_{\text{eff}}) = i_{\text{eff}}.$$

Folglich ist in obiger Formel

$$n \approx \frac{\ln 2}{i_{\text{eff}}} = \frac{100 \cdot \ln 2}{p_{\text{eff}}} \approx \frac{69,31}{p_{\text{eff}}}.$$

Da der Zähler nahe bei 70 liegt und sich damit besser rechnen lässt, folgern wir daraus, dass

$$n \approx \frac{70}{p_{\text{eff}}}.$$

Wir wollen als Nächstes untersuchen, was man aus der Ableitung einer Funktion über ihr Verhalten ablesen kann. Wir hatten die Ableitung in einem Punkt bereits anschaulich als *Steigung* der Funktion in diesem Punkt betrachtet. Mit diesem Gedanken im Hinterkopf formulieren wir im nächsten Satz eine wichtige Folgerung, mit der wir die Ableitung nutzen können, um das Wachstum einer Funktion zu untersuchen.

Satz/Definition 2.46 *Sei $I \subset \mathbb{R}$ ein Intervall und sei $f : I \to \mathbb{R}$ eine differenzierbare Funktion.*

a) *Gilt $f'(x) \geq 0$ für jedes $x \in I$, so ist f monoton steigend, d. h. für alle $x, y \in I$ mit $x \leq y$ gilt $f(x) \leq f(y)$.*
b) *Gilt $f'(x) > 0$ für jedes $x \in I$, so ist f streng monoton steigend, d. h. für alle $x, y \in I$ mit $x < y$ gilt $f(x) < f(y)$.*
c) *Gilt $f'(x) \leq 0$ für jedes $x \in I$, so ist f monoton fallend, d. h. für alle $x, y \in I$ mit $x \leq y$ gilt $f(x) \geq f(y)$.*
d) *Gilt $f'(x) < 0$ für jedes $x \in I$, so ist f streng monoton fallend, d. h. für alle $x, y \in I$ mit $x < y$ gilt $f(x) > f(y)$.*

Beispielhafte Verläufe von Graphen von Funktionen, die die Bedingungen aus Satz/Definition 2.46 erfüllen, werden in den Abb. 2.3, 2.4, 2.5 und 2.6 dargestellt.

Beispiel 2.47

(1) Betrachte die Funktion $f : \mathbb{R} \to \mathbb{R}$, $f(x) = x^2$. Wir haben bereits gesehen, dass ihre Ableitung durch

$$f'(x) = 2x$$

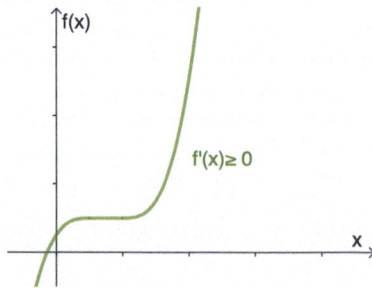

Abb. 2.3 Der Graph einer monoton steigenden Funktion

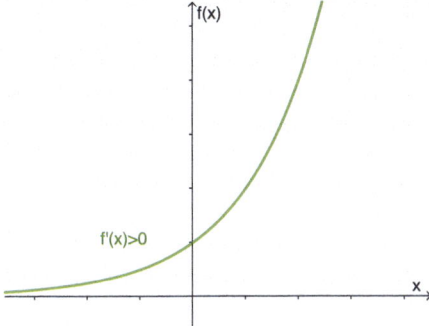

Abb. 2.4 Der Graph einer streng monoton steigenden Funktion

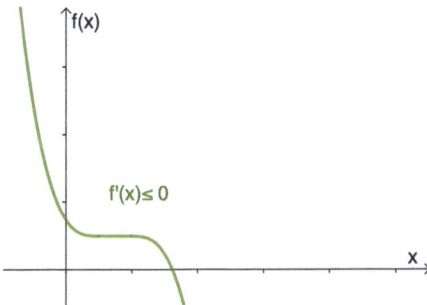

Abb. 2.5 Der Graph einer monoton fallenden Funktion

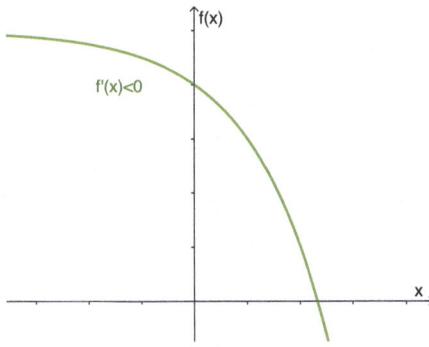

Abb. 2.6 Der Graph einer streng monoton fallenden Funktion

gegeben ist. Daraus lesen wir ab, dass

$$f'(x) < 0 \text{ für alle } x \in (-\infty, 0),$$
$$f'(x) = 0 \text{ für } x = 0,$$
$$f'(x) > 0 \text{ für alle } x \in (0, +\infty).$$

Mit Satz 2.46 können wir daraus unter anderem folgern, dass f auf dem Intervall $(-\infty, 0]$ monoton fallend und auf $[0, +\infty)$ monoton steigend ist.

(2) Wir betrachten erneut die Exponentialfunktion $f_e(x) = e^x$. Für diese ist

$$f_e'(x) = e^x > 0$$

für alle $x \in \mathbb{R}$. Nach Satz 2.46 ist f_e damit streng monoton steigend, es gilt also für alle $x, y \in \mathbb{R}$ mit $x < y$, dass $e^x < e^y$. Da wir bereits wissen, dass $e^0 = 1$, lässt sich daraus unter anderem folgern, dass

$$e^x < 1 \text{ falls } x < 0, \qquad e^x > 1 \text{ falls } x > 0.$$

(3) Für den natürlichen Logarithmus $\ln \colon (0, +\infty) \to \mathbb{R}$ gilt, dass

$$\ln'(x) = \frac{1}{x} > 0$$

für alle $x \in (0, \infty)$. Also ist auch $\ln$ streng monoton steigend. Da wir bereits wissen, dass $\ln 1 = 0$, können wir daraus unter anderem folgern, dass

$$\ln x < 0 \text{ falls } x < 1, \qquad \ln x > 0 \text{ falls } x > 1.$$

Das nächste wichtige Thema, das wir untersuchen wollen, sind *Extremwerte* differenzierbarer Funktionen. Da diese üblicherweise bereits ausführlich auf dem Weg zum Abitur behandelt werden, werden wir dieses Thema relativ kurz abhandeln, jedoch trotzdem alle Grundbegriffe einführen und Beispiele durchrechnen.

Definition 2.48 Sei I ein Intervall, sei $f \colon I \to \mathbb{R}$ eine Funktion und sei $a \in I$.

a) *f hat ein Maximum in a*, wenn $f(x) \leq f(a)$ für alle $x \in I$ gilt.

b) *f hat ein Minimum in a*, wenn $f(x) \geq f(a)$ für alle $x \in I$ gilt.
c) *f hat ein lokales Maximum in a*, wenn es ein $r \in (0, +\infty)$ gibt, sodass $(a-r, a+r) \subset I$ und sodass $f(x) \leq f(a)$ für alle $x \in (a-r, a+r)$.
d) *f hat ein lokales Minimum in a*, wenn es ein $r \in (0, +\infty)$ gibt, sodass $(a-r, a+r) \subset I$ und sodass $f(x) \geq f(a)$ für alle $x \in (a-r, a+r)$.

Der Wert $f(a)$ wird dann *(lokales) Maximum bzw. (lokales) Minimum von f* und a eine *(lokale) Extremstelle von f* genannt.

Bemerkung 2.49

(1) Nicht jede reelle Funktion auf einem Intervall muss ein Maximum oder ein Minimum besitzen! Betrachte zum Beispiel die Funktion

$$f: (0, +\infty) \to \mathbb{R}, \qquad f(x) = \frac{1}{x}.$$

Zwar gilt $f(x) > 0$ für jedes $x \in (0, +\infty)$ und die Werte von $f(x)$ sind beliebig nahe bei 0 für immer größer werdendes x, die Werte erreichen den Wert 0 jedoch nie. Also gibt es keine Stelle, an der das Minimum angenommen wird. Genauso sehen wir, dass die Werte von f für x nahe 0 beliebig groß werden können. Damit kann es keinen größten Wert von f, also kein Maximum geben.

(2) Ein lokales Maximum (bzw. Minimum) muss kein Maximum (bzw. Minimum) der gesamten Funktion sein. Die Funktion mit dem in Abb. 2.7 dargestellten Graphen hat beispielsweise ein lokales Maximum nahe 0, welches jedoch kein Maximum ist, und ein lokales Minimum mit positivem x-Wert, welches kein Minimum ist.

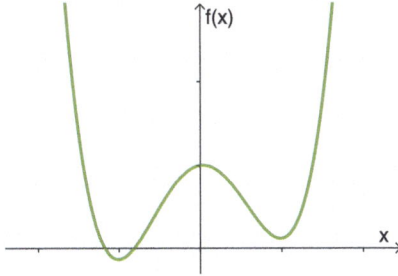

Abb. 2.7 Eine Funktion, die ein lokales Maximum besitzt, welches kein Maximum ist

Für die Beziehung zwischen Maxima (bzw. Minima) und lokalen Maxima (bzw. Minima) gilt unter anderem die folgende Aussage. Man beachte jeweils die besondere Form der Intervalle in den drei Teilen des Satzes.

Satz 2.50 *Seien $a, b \in \mathbb{R}$ mit $a < b$.*

a) *Jede stetige Funktion $f : [a, b] \to \mathbb{R}$ besitzt ein Maximum und ein Minimum. Ist dieses kein lokales Maximum (bzw. Minimum) so wird es in einem der Randpunkte a und b angenommen.*
b) *Ist $f : [a, +\infty) \to \mathbb{R}$ oder $f : (-\infty, a] \to \mathbb{R}$ stetig und besitzt f ein Maximum (bzw. ein Minimum), so ist dieses ein lokales Maximum (bzw. Minimum) oder es wird in a angenommen.*

Beispiel 2.51 Betrachte die Funktion $f : [1, 4] \to \mathbb{R}$, $f(x) = x^2 - 4x + 1$, deren Graph in Abb. 2.8 dargestellt ist. Mit den Methoden, die wir als Nächstes untersuchen werden, lässt sich zeigen, dass f keine lokalen Maxima besitzt. Nach Satz 2.50 besitzt f jedoch ein Maximum. Da

$$f(1) = 1 - 4 + 1 = -2, \qquad f(4) = 16 - 16 + 1 = 1,$$

erhalten wir daher, dass $f(4) = 1$ das Maximum von f ist.

Das folgende Kriterium für lokale Extremstellen ist Ihnen bereits in der Schule begegnet.

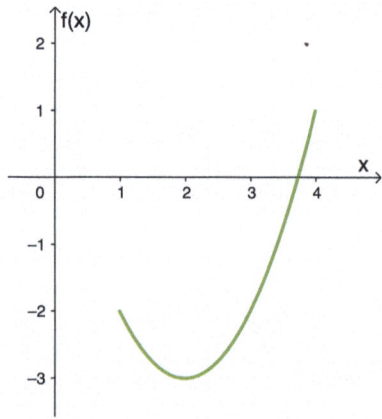

Abb. 2.8 Der Graph von $f : [1, 4] \to \mathbb{R}$, $f(x) = x^2 - 4x + 1$

Satz 2.52 (Notwendige Bedingung für lokale Extrema). *Sei $I \subset \mathbb{R}$ ein Intervall, sei $f: I \to \mathbb{R}$ eine differenzierbare Funktion und sei $a \in I$. Wenn f ein lokales Maximum oder ein lokales Minimum in a hat, dann gilt $f'(a) = 0$.*

Bemerkung 2.53 Geometrisch lesen wir aus Satz 2.52 ab, dass die Tangente an eine Funktion in einer lokalen Extremstelle die Steigung Null besitzt. Die Tangente ist in diesem Fall parallel zur x-Achse.

Man beachte, dass das Verschwinden der ersten Ableitung nur eine *notwendige* Bedingung ist, dass aus dem Verschwinden der ersten Ableitung aber noch *nicht* folgt, dass a eine lokale Extremstelle der Funktion ist. Wir können also aus dieser Bedingung lediglich „Kandidaten" für lokale Extremstellen finden, die wir dann weiter untersuchen müssen, um zu sehen, ob es sich tatsächlich um Extremstellen handelt. Hierzu lässt sich der folgende Satz verwenden.

Satz 2.54 (Hinreichende Bedingung für lokale Extrema). *Sei $I \subset \mathbb{R}$ ein Intervall, sei $f: I \to \mathbb{R}$ eine differenzierbare Funktion und sei $a \in I$ so gewählt, dass $f'(a) = 0$.*

a) *Wenn es ein $r \in (0, +\infty)$ gibt, sodass*

$$f'(x) \leq 0 \quad \text{für alle } x \in (a-r, a],$$
$$f'(x) \geq 0 \quad \text{für alle } x \in [a, a+r),$$

so hat f ein lokales Minimum in a.

b) *Wenn es ein $r \in (0, +\infty)$ gibt, sodass*

$$f'(x) \geq 0 \quad \text{für alle } x \in (a-r, a],$$
$$f'(x) \leq 0 \quad \text{für alle } x \in [a, a+r),$$

so hat f ein lokales Maximum in a.

Eine Veranschaulichung von Satz 2.54.a) ist in Abb. 2.9 zu finden.

Beispiel 2.55 Wir betrachten die Funktion $f: \mathbb{R} \to \mathbb{R}$, $f(x) = xe^{4x}$, deren Graph in Abb. 2.10 zu sehen ist. Diese Funktion ist differenzierbar und wir erhalten mit der Produktregel und der Kettenregel, dass

$$f'(x) = 1 \cdot e^{4x} + x \cdot (e^{4x})' = e^{4x} + 4x \cdot e^{4x} = (4x+1)e^{4x}.$$

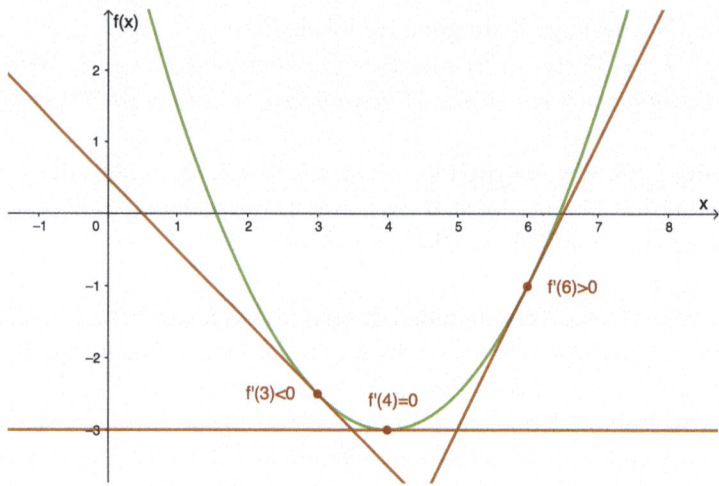

Abb. 2.9 Ein Minimum, das an den Vorzeichen der Ableitung zu erkennen ist

Da $e^{4x} > 0$ für jedes $x \in \mathbb{R}$, lesen wir daraus ab, dass

$$f'(x) = 0 \text{ für } x = -\tfrac{1}{4},$$
$$f'(x) > 0 \text{ für alle } x \in \left(-\tfrac{1}{4}, +\infty\right),$$
$$f'(x) < 0 \text{ für alle } x \in \left(-\infty, -\tfrac{1}{4}\right).$$

Aus der notwendigen Bedingung aus Satz 2.52 folgt, dass f eine mögliche Extremstelle in $-\tfrac{1}{4}$ und keine weiteren Extremstellen hat. Da $f'(x) \leq 0$ für alle $x \in (-\infty, -\tfrac{1}{4}]$ und $f'(x) \geq 0$ für alle $x \in [-\tfrac{1}{4}, +\infty)$ gilt, folgt aus Satz 2.54.a), dass f ein lokales Minimum in $-\tfrac{1}{4}$ hat. Den Wert dieses Minimums berechnen wir als

$$f(-\tfrac{1}{4}) = -\tfrac{1}{4} e^{4(-\frac{1}{4})} = -\tfrac{1}{4} e^{-1} = -\frac{1}{4e}.$$

Eine weitere, etwas leichter zu überprüfende, hinreichende Bedingung für lokale Extrema erhalten wir mithilfe der zweiten Ableitung einer Funktion, welche wir zunächst formal definieren wollen.

Definition 2.56 (Höhere Ableitungen). Sei $I \subset \mathbb{R}$ ein Intervall und sei $f: I \to \mathbb{R}$ differenzierbar.

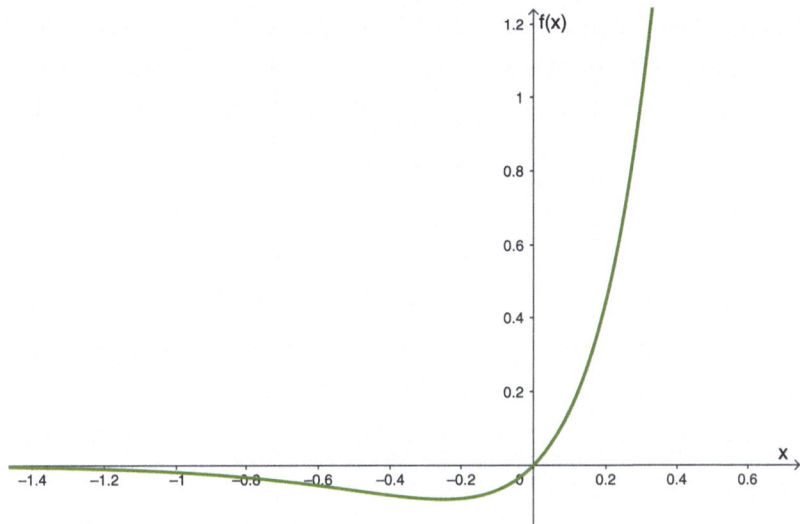

Abb. 2.10 Der Graph von $f(x) = xe^{4x}$

a) Ist die Ableitung von f als Funktion $f': I \to \mathbb{R}$ wieder differenzierbar, so nennen wir f *zweimal differenzierbar* und nennen die Funktion

$$f'': I \to \mathbb{R}, \qquad f''(x) = (f')'(x),$$

die zweite Ableitung von f.

b) Ist f zweimal differenzierbar und ist f'' wieder differenzierbar, so nennen wir f *dreimal differenzierbar* und nennen

$$f''': I \to \mathbb{R}, \qquad f'''(x) = (f'')'(x),$$

die *dritte Ableitung von f*.

c) Durch wiederholtes Anwenden dieses Prinzips definiert man die *k-fache Differenzierbarkeit* und die *k-te Ableitung von f* für jedes $k \in \mathbb{N}$. Wir bezeichnen die k-te Ableitung auch mit $f^{(k)}: I \to \mathbb{R}$.

Beispiel 2.57 Betrachte $f: \mathbb{R} \to \mathbb{R}$, $f(x) = x^3 + 4x^2 - 2x + 1$. Wir berechnen die Ableitungen von f als

$$f'(x) = 3x^2 + 8x - 2,$$
$$f''(x) = 6x + 8,$$
$$f'''(x) = 6,$$
$$f^{(k)}(x) = 0 \quad \text{falls } k \geq 4.$$

Satz 2.58 (Hinreichende Bedingung für lokale Extrema). *Sei I ein Intervall, sei $f: I \to \mathbb{R}$ zweimal differenzierbar und sei $a \in I$ mit $f'(a) = 0$.*

a) *Gilt $f''(a) > 0$, so hat f ein lokales Minimum in a.*
b) *Gilt $f''(a) < 0$, so hat f ein lokales Maximum in a.*

Beispiel 2.59 Die Funktion $f(x) = xe^{4x}$ aus Beispiel 2.55 ist zweimal differenzierbar, da ihre Ableitung $f'(x) = (4x+1)e^{4x}$ wieder differenzierbar ist. Wir erhalten mit Produkt- und Kettenregel, dass

$$f''(x) = 4 \cdot e^{4x} + (4x+1) \cdot (e^{4x})' = 4e^{4x} + (16x+4)e^{4x} = (16x+8)e^{4x}.$$

Insbesondere ist daher

$$f''(-\tfrac{1}{4}) = (-4+8)e^{-1} = \frac{4}{e} > 0.$$

Also folgt auch aus Satz 2.58, dass f ein lokales Minimum in $-\frac{1}{4}$ hat.

Bemerkung 2.60 Gilt in der obigen Situation $f'(a) = 0$ und $f''(a) = 0$, so ist keine allgemeine Aussage möglich, wie die folgenden Funktionen zeigen:

(i) Sei $f: \mathbb{R} \to \mathbb{R}$, $f(x) = x^4$. Dann sind $f'(x) = 4x^3$ und $f''(x) = 12x^2$, woraus wir ablesen, dass $f'(0) = f''(0) = 0$. Da jedoch $f(x) = x^4 \geq 0 = f(0)$ gilt, können wir direkt ablesen, dass f ein *Minimum* in 0 hat.
(ii) Analog gilt für $f: \mathbb{R} \to \mathbb{R}$, $f(x) = -x^4$, wieder, dass $f'(0) = f''(0) = 0$. Da hier jedoch $f(x) = -x^4 \leq 0 = f(0)$ für alle $x \in \mathbb{R}$ gilt, folgern wir, dass f ein *Maximum* in 0 hat.
(iii) Schließlich betrachten wir $f: \mathbb{R} \to \mathbb{R}$, $f(x) = x^3$. Hier ist $f'(x) = 3x^2$, $f''(x) = 6x$, also gilt wieder $f'(0) = f''(0) = 0$. Da $f(x) > 0 = f(0)$ für jedes $x \in (0, +\infty)$ gilt, kann f aber kein lokales Maximum in

0 haben. Da $f(x) < 0$ für jedes $x \in (-\infty, 0)$ gilt, kann f aber auch kein lokales Minimum in 0 haben. Also ist 0 *keine lokale Extremstelle* von f.

Anwendung 2.61 Viele praktische Probleme, bei denen zum Beispiel nach den geringsten Kosten oder dem größten Produktionsoutput gesucht wird, lassen sich als *Extremwertprobleme* beschreiben, bei denen nach dem Maximum oder dem Minimum einer Funktion gesucht wird. Ein einfaches Beispiel hierfür schauen wir uns nun an.

Wir wollen eine rechteckige Fläche einzäunen und haben dafür 100 m Drahtzaun zur Verfügung. Wie groß müssen die Seitenlängen des Rechtecks gewählt werden, damit der Inhalt des eingezäunten Rechtecks möglichst groß wird?

Sind x und y die Seitenlängen (in Metern), so ist

$$x \cdot y \quad \text{der Inhalt und} \quad 2x + 2y \quad \text{der Umfang}$$

des Rechtecks. Da wir 100 m Zaun gegeben haben, erhalten wir, dass

$$2x + 2y = 100 \quad \Leftrightarrow \quad y = 50 - x.$$

Setzen wir dies in die Formel des Flächeninhalts ein, so erhalten wir $x(50-x)$. Da x zwischen 0 und 50 liegen muss, suchen wir also das Maximum der Funktion

$$f : [0, 50] \to \mathbb{R}, \qquad f(x) = x(50 - x) = -x^2 + 50x,$$

welches nach Satz 2.50.a) existiert. f ist als Polynom differenzierbar und es gilt

$$f'(x) = -2x + 50.$$

Um die möglichen lokalen Maxima zu finden, betrachten wir die notwendige Bedingung für lokale Extremstellen:

$$f'(x) = 0 \quad \Leftrightarrow \quad -2x + 50 = 0 \quad \Leftrightarrow \quad x = 25.$$

f ist zweimal differenzierbar und wir erhalten ihre zweite Ableitung als

$$f''(x) = -2.$$

Insbesondere ist $f''(25) = -2 < 0$, sodass f nach Satz 2.58.b) in der Tat ein lokales Maximum in 25 besitzt. Dieses berechnen wir zu

$$f(25) = -25^2 + 50 \cdot 25 = 25^2 = 625.$$

Untersuchen wir die Randpunkte des Intervalls, so ist $f(0) = 0$ und $f(50) = 0$. Also ist $f(25) = 625$ tatsächlich das Maximum von f. Weiterhin gilt für $x = 25$, dass $y = 50 - 25 - 25$, womit wir Folgendes gezeigt haben:

Der Flächeninhalt ist am größten, wenn alle Kantenlängen 25 m lang sind (und wir damit ein Quadrat einzäunen). Der Inhalt der eingezäunten Fläche beträgt dann $625\,\text{m}^2$.

2.4 Partielle Ableitungen

In diesem Abschnitt wollen wir Ableitungen von Funktionen in mehr als einer Variablen betrachten, d. h. Funktionen der Form $f: D \to \mathbb{R}$, wobei $D \subset \mathbb{R}^n$ für ein beliebiges $n \in \mathbb{N}$.

In Bemerkung 2.4 hatten wir uns bereits Produktionsfunktionen als Beispiele solcher Funktionen angeschaut. In wirtschaftlichen Anwendungen untersucht man oft das Änderungsverhalten von Funktionen unter der Änderung einer Variablen, während die Werte der anderen Variablen festgehalten werden. Betrachten wir zum Beispiel eine Funktion, die den Gewinn eines Ackerbaubetriebs in Abhängigkeit von den geernteten Mengen der unterschiedlichen Getreidesorten untersucht, so würde man sich also fragen, wie sich der Gewinn entwickelt, wenn sich der Ertrag einer der Sorten erhöht oder senkt, während der Ertrag der anderen Sorten gleich bleibt. Dies bezeichnet man auch die Veränderung der Funktion bezüglich einer Größe *ceteris paribus* (c.p.) – was lateinisch ist und *„unter sonst gleichen Bedingungen"* bedeutet.

In der mathematischen Abstraktion lässt sich diese Grundidee bei einer Funktion $f(x_1, x_2, \ldots, x_n)$ in n Variablen wie folgt formulieren:

Betrachte nur eines der x_i als Variable und halte die Werte aller anderen Variablen fest. Dadurch erhalten wir eine Funktion in einer Variablen x_i, die wir wie im vorigen Abschnitt ableiten können.

Dies definieren wir nun formal, indem wie den Begriff der partiellen Ableitung einführen. Der Einfachheit halber betrachten wir hier nur Funktionen, deren Definitionsbereich der gesamte $\mathbb{R}^n$ ist. Mit etwas Aufwand lässt sich die Konstruktion auch auf gewisse kleinere Definitionsbereiche verallgemeinern.

Definition 2.62 Sei $n \in \mathbb{N}$, sei $f: \mathbb{R}^n \to \mathbb{R}$ eine Funktion und sei $a = (a_1, a_2, \ldots, a_n) \in \mathbb{R}^n$.

a) Sei $i \in \{1, 2, \ldots, n\}$ gegeben und betrachte die Funktion

$$g_i: \mathbb{R} \to \mathbb{R}, \qquad g_i(x) = f(a_1, \ldots, a_{i-1}, x, a_{i+1}, \ldots, a_n).$$

Die *partielle Ableitung von f in a nach x_i* ist dann gegeben durch $\partial_{x_i} f(a) \in \mathbb{R}$,

$$\partial_{x_i} f(a) = g_i'(a_i).$$

Explizit gilt nach Definition 2.36, dass

$$\partial_{x_i} f(a) = \lim_{x \to a_i} \frac{g_i(x) - g_i(a_i)}{x - a_i}$$
$$= \lim_{x \to a_i} \frac{f(a_1, \ldots, a_{i-1}, x, a_{i+1}, \ldots, a_n) - f(a_1, \ldots, a_{i-1}, a_i, a_{i+1}, \ldots, a_n)}{x - a_i}.$$

b) Wenn alle partiellen Ableitungen $\partial_{x_1} f(a), \partial_{x_2} f(a), \ldots, \partial_{x_n} f(a)$ existieren, dann nennen wir f *partiell differenzierbar in a*.
c) Wir nennen f *partiell differenzierbar*, wenn f in *jedem* Punkt aus $\mathbb{R}^n$ partiell differenzierbar ist.
d) Ist f in a partiell differenzierbar, so bezeichnen wir den Punkt, dessen Einträge gerade die partiellen Ableitungen von f sind, mit[4] $\nabla f(a) \in \mathbb{R}^n$, d. h.

$$\nabla f(a) = (\partial_{x_1} f(a), \partial_{x_2} f(a), \ldots, \partial_{x_n} f(a)),$$

und nennen $\nabla f(a)$ *den Gradienten von f in a*.

Bemerkung 2.63

(1) Die Notation für partielle Ableitungen ist in der Literatur leider alles andere als einheitlich. Weitere gängige Notationen für $\partial_{x_i} f(a)$ sind zum Beispiel

$$\partial_i f(a), \qquad \frac{\partial f}{\partial x_i}(a), \qquad f_{x_i}(a), \qquad D_i f(a), \qquad \ldots.$$

Der Gradient von f in a wird zudem häufig mit grad $f(a)$ bezeichnet.

---

[4] Das Symbol ∇ wird „*nabla*" genannt und ist kein Buchstabe des griechischen oder sonst irgendeines Alphabets. Es wurde zunächst im 19. Jahrhundert ohne Namen vom Mathematiker und Physiker William R. Hamilton benutzt und später *nabla* genannt. Dies ist ein griechisches Wort für eine phönizische Harfe, die bereits in der Bibel erwähnt wird und angeblich eine ähnliche Form hatte. (Ja, dies ist eine wahre Geschichte.)

(2) Praktisch bildet man die partiellen Ableitungen einer Funktion, *indem man eine der n Variablen als die einzige Variable und die anderen als Konstanten betrachtet.* Wir leiten die Funktion also wie eine reelle Funktion ab, sodass uns hierbei alle Ableitungsregeln reeller Funktionen zur Verfügung stehen. Dies wird in Beispiel 2.64 verdeutlicht.

(3) Man beachte, dass wir beim partiellen Ableiten allgemein den Namen der Variablen als Index wählen. Betrachten wir zum Beispiel eine Funktion auf $\mathbb{R}^3$ als $f(x, y, z)$, so bezeichnen wir die partiellen Ableitungen nach den drei Variablen entsprechend mit $\partial_x f(a)$, $\partial_y f(a)$ und $\partial_z f(a)$.

(4) Der Gradient einer Funktion hat eine geometrische Interpretation, die ihm eine besondere Bedeutung zukommen lässt. Aus der Schule ist Ihnen bekannt, dass man Punkte in $\mathbb{R}^2$ oder $\mathbb{R}^3$ als *Vektoren* behandeln und sich geometrisch als Pfeile vorstellen kann, die vom Ursprung zum Punkt mit den angegebenen Koordinaten zeigen und damit eine *Richtung* angeben. Diese Vorstellung lässt sich auf $\mathbb{R}^n$ für beliebige n abstrahieren. Es lässt sich nun zeigen, dass der Gradient einer Funktion f in einem Punkt a *in die Richtung des stärksten Anstiegs von f in a* zeigt. An der „Länge" des Vektors lässt sich dabei die Stärke des Anstiegs ablesen.

Beispiel 2.64

(1) Sei $f : \mathbb{R}^2 \to \mathbb{R}$, $f(x, y) = x^2 + x \cdot y$. Sowohl als Funktion von x bei festem y als auch als Funktion von y bei festem x ist f ein Polynom. Also ist f partiell differenzierbar und wir erhalten ihre partiellen Ableitungen als

$$\partial_x f(x, y) = 2x + y,$$
$$\partial_y f(x, y) = x.$$

Insbesondere ist $\nabla f(x, y) = (2x + y, x)$ für jedes $(x, y) \in \mathbb{R}^2$.

(2) Betrachte $f : \mathbb{R}^3 \to \mathbb{R}$, $f(x, y, z) = x^2 y^3 z^4$. In jeder der drei Variablen ist f ein Polynom. Also ist f partiell differenzierbar mit

$$\partial_x f(x, y, z) = 2xy^3 z^4,$$
$$\partial_y f(x, y, z) = 3x^2 y^2 z^4,$$
$$\partial_z f(x, y, z) = 4x^2 y^3 z^3.$$

Insbesondere ist $\nabla f(x, y, z) = (2xy^3 z^4, 3x^2 y^2 z^4, 4x^2 y^3 z^3)$ für jedes $(x, y, z) \in \mathbb{R}^3$.

(3) Sei $f: \mathbb{R}^3 \to \mathbb{R}$, $f(x, y, z) = \sin(x^2 y + 3z)$. In jeder der drei Variablen ist f eine Verkettung differenzierbarer Funktionen. Mit der Kettenregel erhalten wir, dass

$$\partial_x f(x, y, z) = \sin'(x^2 y + 3z) \cdot 2xy = 2xy \cos(x^2 y + 3z),$$
$$\partial_y f(x, y, z) = \sin'(x^2 y + 3z) \cdot x^2 = x^2 \cos(x^2 y + 3z),$$
$$\partial_z f(x, y, z) = \sin'(x^2 y + 3z) \cdot 3 = 3 \cos(x^2 y + 3z).$$

Analog zu höheren Ableitungen reeller Funktionen können wir höhere, d. h. mehrfache, partielle Ableitungen von Funktionen definieren. Wir beschränken uns hier auf zweifache partielle Ableitungen und merken nur an, dass sich diese Konstruktion auf k-fache Ableitungen für beliebige k verallgemeinern lässt.

Definition 2.65 Sei $n \in \mathbb{N}$ und sei $f: \mathbb{R}^n \to \mathbb{R}$ partiell differenzierbar. Wir betrachten ihre partiellen Ableitungen als Funktionen $\partial_{x_i} f: \mathbb{R}^n \to \mathbb{R}$, wobei $i \in \{1, 2, \ldots, n\}$. Ist die Funktion $\partial_{x_i} f: \mathbb{R}^n$ für jedes i wieder partiell differenzierbar, so nennen wir f *zweimal partiell differenzierbar*. Die partiellen Ableitungen der $\partial_{x_i} f$ nennen wir *partielle Ableitungen zweiter Ordnung* von f und bezeichnen sie mit

$$\partial_{x_j} \partial_{x_i} f(a) = (\partial_{x_j}(\partial_{x_i} f))(a)$$

oder in Kurzschreibweise mit $\partial^2_{x_j x_i} f(a) = \partial_{x_j} \partial_{x_i} f(a)$.

Beispiel 2.66 Wir betrachten die Funktion $f(x, y, z) = x^2 y^3 z^4$ aus Beispiel 2.64.(2). An den dortigen Ergebnissen sehen wir, dass f zweimal partiell differenzierbar ist. Die partiellen Ableitungen zweiter Ordnung berechnen wir zu

$$\partial_x \partial_x f(x, y, z) = 2y^3 z^4, \quad \partial_x \partial_y f(x, y, z) = 6xy^2 z^4, \quad \partial_x \partial_z f(x, y, z) = 8xy^3 z^3,$$
$$\partial_y \partial_x f(x, y, z) = 6xy^2 z^4, \quad \partial_y \partial_y f(x, y, z) = 6x^2 y z^4, \quad \partial_y \partial_z f(x, y, z) = 12x^2 y^2 z^3,$$
$$\partial_z \partial_x f(x, y, z) = 8xy^3 z^3, \quad \partial_z \partial_y f(x, y, z) = 12x^2 y^2 z^3, \quad \partial_z \partial_z f(x, y, z) = 12x^2 y^3 z^2.$$

Hierbei fällt auf, dass für alle $(x, y, z) \in \mathbb{R}^3$ gilt, dass

$$\partial_x \partial_y f(x, y, z) = \partial_y \partial_x f(x, y, z), \quad \partial_y \partial_z f(x, y, z) = \partial_z \partial_y f(x, y, z),$$
$$\partial_x \partial_z f(x, y, z) = \partial_z \partial_x f(x, y, z).$$

Die Reihenfolge der beiden Variablen spielt hier also keine Rolle. Dies ist kein Zufall und gilt tatsächlich in allgemeiner Form.

Satz 2.67 (Satz von Schwarz). *Sei $n \in \mathbb{N}$ und sei $f : \mathbb{R}^n \to \mathbb{R}$ zweimal partiell differenzierbar. Nehme an, dass $\partial_{x_i} \partial_{x_j} f : \mathbb{R}^n \to \mathbb{R}$ für alle $i, j \in \{1, 2, \ldots, n\}$ stetig ist. Dann gilt*

$$\partial_{x_i} \partial_{x_j} f(a) = \partial_{x_j} \partial_{x_i} f(a) \qquad \text{für alle } a \in \mathbb{R}^n \text{ und } i, j \in \{1, 2, \ldots, n\}.$$

Wir wollen uns nun Maxima und Minima von Funktionen auf $\mathbb{R}^n$ widmen, die wir mithilfe der partiellen Ableitungen einer Funktion untersuchen können. Um lokale Maxima und Minima für Funktionen in mehreren Variablen formal korrekt zu definieren, müssten wir sehr weit ausholen, deshalb begnügen wir uns mit einer intuitiven Definition.

Definition 2.68 Sei $n \in \mathbb{N}$, sei $f : \mathbb{R}^n \to \mathbb{R}$ eine Funktion und sei $a \in \mathbb{R}^n$.

a) f hat ein *Maximum* (bzw. *Minimum*) in a, wenn

$$f(x) \leq f(a) \quad (\text{bzw. } f(x) \geq f(a)) \tag{2.3}$$

für alle $x \in \mathbb{R}^n$ gilt.
b) f hat ein *lokales Maximum* (bzw. *lokales Minimum*) in a, wenn (2.3) für alle x „in der Nähe" von a erfüllt ist.

Mit diesem intuitiven Verständnis von lokalen Extrema arbeiten wir nun die analogen Resultate zu den notwendigen und hinreichenden Bedingungen für lokale Extrema in einer Variablen aus. Hierbei sei angemerkt, dass das Kriterium aus Satz 2.54 sich nicht direkt übertragen lässt, da die Monotoniebegriffe für Funktionen in mehreren Variablen keinen Sinn ergeben.

Satz 2.69 (Notwendige Bedingung für lokale Extrema in $\mathbb{R}^n$). *Sei $n \in \mathbb{N}$ und sei $f : \mathbb{R}^n \to \mathbb{R}$ partiell differenzierbar. Wenn f ein lokales Maximum oder ein lokales Minimum in einem Punkt $a \in \mathbb{R}^n$ hat, dann gilt*

$$\nabla f(a) = (0, 0, \ldots, 0),$$

d. h., es ist $\partial_{x_i} f(a) = 0$ für jedes $i \in \{1, 2, \ldots, n\}$.

Bei der hinreichenden Bedingung für lokale Extrema in $\mathbb{R}^n$ wollen wir uns der Einfachheit halber auf den Fall $n = 2$ beschränken, d. h., wir betrachten lokale

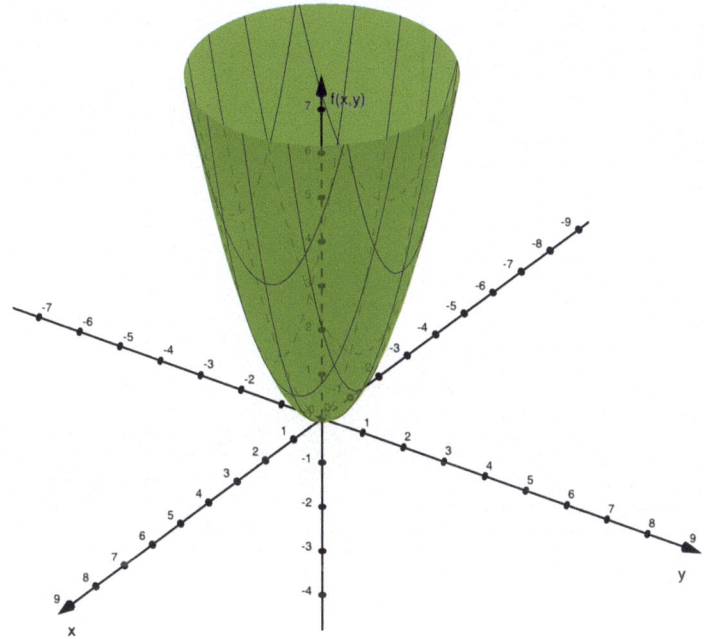

Abb. 2.11 Der Graph der Funktion $f(x, y) = x^2 + y^2$

Maxima und Minima von Funktionen $f: \mathbb{R}^2 \to \mathbb{R}$. In dieser Dimension sind die hinreichende Bedingungen hierbei relativ leicht beschreibbar.

Funktionen auf $\mathbb{R}^2$ haben den Vorteil, dass sie eine visuelle Anschauung besitzen. Hierzu definieren wir den *Graphen von f* analog zum eindimensionalen Fall aus Definition 2.3.e) als

$$\text{Graph } f = \{(x, y, z) \in \mathbb{R}^3 \mid z = f(x, y)\}.$$

Wir können uns den Graphen also als Teilmenge des dreidimensionalen Raums und als solchen auch geometrisch vorstellen. In den Abb. 2.11, 2.12 und 2.13 werden drei Graphen solcher Funktionen dargestellt.[5]

Bemerkung 2.70 Sei $f: \mathbb{R}^2 \to \mathbb{R}$ partiell differenzierbar und sei $a = (x_0, y_0) \in \mathbb{R}^2$. Die Funktion

$$t_a: \mathbb{R}^2 \to \mathbb{R}, \qquad t_a(x, y) = f(a) + \partial_x f(a) \cdot (x - x_0) + \partial_y f(a) \cdot (y - y_0),$$

---

[5] Um eine bessere Vorstellung von Funktionen $\mathbb{R}^2 \to \mathbb{R}$ zu bekommen, empfehlen wir Ihnen, mit GeoGebra oder vergleichbaren Programmen zu experimentieren und sich die Graphen verschiedener Funktionen zeichnen zu lassen.

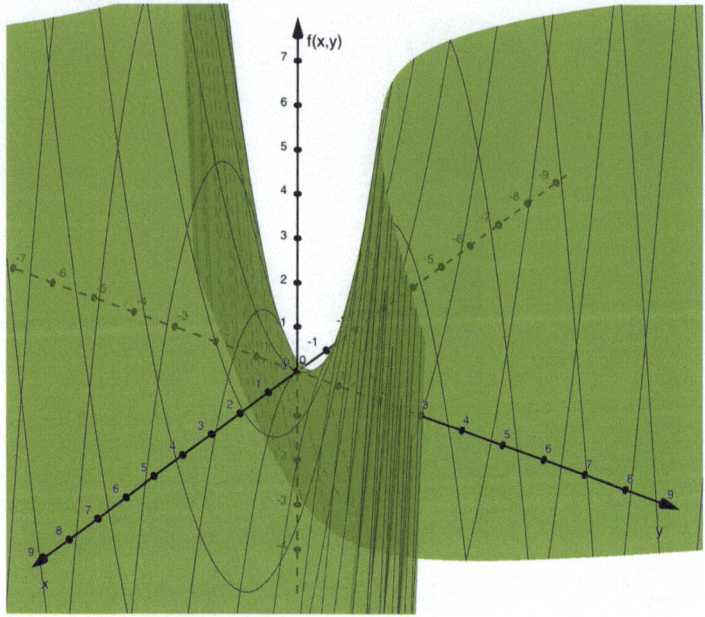

Abb. 2.12 Der Graph der Funktion $f(x, y) = -x^2 + y^2$

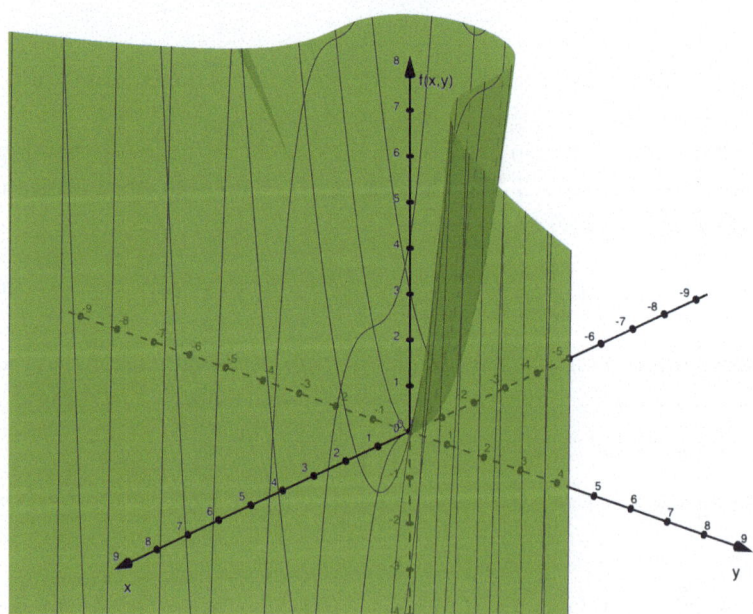

Abb. 2.13 Der Graph der Funktion $f(x, y) = -x^3 + 2y^2$

wird die *Tangentialebene von f in a* genannt und ihr Graph ist tatsächlich eine Ebene in $\mathbb{R}^3$. Diese Ebene ist das Analogon der Tangente für Funktionen auf $\mathbb{R}^2$ und es lässt sich zeigen, dass sie die *beste Annäherung an* Graph f *in der Nähe von* $(a, f(a))$ *durch eine Ebene in* $\mathbb{R}^3$ ist.

Man beachte, dass nach Satz 2.69 in einer lokalen Extremstelle a stets $t_a(x, y) = a$ gilt, die Funktion t_a also konstant ist. Geometrisch bedeutet dies, *dass die Tangentialebene von f in einer lokalen Extremstelle stets parallel zur x-y-Ebene in* $\mathbb{R}^3$ *ist.*

Analog zu Satz 2.58 für reelle Funktionen gibt es für Funktionen in mehreren Variablen eine hinreichende Bedingung für das Vorliegen lokaler Extrema, die durch partielle Ableitungen zweiter Ordnung ausgedrückt wird.

Satz 2.71 (Hinreichende Bedingung für lokale Extrema in $\mathbb{R}^2$). *Sei* $f : \mathbb{R}^2 \to \mathbb{R}$ *zweimal partiell differenzierbar und nehme an, dass alle partiellen Ableitungen zweiter Ordnung von* f *stetig sind. Sei* $a \in \mathbb{R}^2$ *mit* $\nabla f(a) = 0$. *Setze*

$$\Delta(a) = \partial_x \partial_x f(a) \cdot \partial_y \partial_y f(a) - (\partial_x \partial_y f(x, y))^2.$$

a) *Gilt* $\Delta(a) > 0$ *und* $\partial_x \partial_x f(a) > 0$, *so hat* f *ein lokales Minimum in* a.
b) *Gilt* $\Delta(a) > 0$ *und* $\partial_x \partial_x f(a) < 0$, *so hat* f *ein lokales Maximum in* a.
c) *Gilt* $\Delta(a) < 0$, *so hat* f *weder ein lokales Maximum noch ein lokales Minimum in* a.

Bemerkung 2.72

(1) Im Fall $\Delta(a) = 0$ ist in der Situation von Satz 2.71 keine allgemeine Aussage möglich. Ähnlich wie im eindimensionalen Fall in Bemerkung 2.60 lassen sich hier Beispiele konstruieren, in denen f in diesem Fall ein lokales Maximum, ein lokales Minimum oder keines von beidem besitzt.
(2) In der Situation von Satz 2.71.c) sagt man, dass f einen *Sattelpunkt* in a besitzt. Ein solcher ist etwa in Abb. 2.12 zu sehen. Hier ist $(0, 0)$ ein Sattelpunkt der Funktion $f(x, y) = -x^2 + y^2$.

Die Herkunft der mysteriösen Größe $\Delta(a)$ in Satz 2.71 werden wir im nächsten Kapitel weiter ergründen.

Beispiel 2.73 Betrachte die Funktion

$$f : \mathbb{R}^2 \to \mathbb{R}, \qquad f(x, y) = e^{(x-3)^2 + (y+2)^2}.$$

Die notwendige Bedingung für lokale Extrema lautet hier:

$$\nabla f(x,y) = (0,0) \quad \Leftrightarrow \quad \partial_x f(x,y) = 0 \wedge \partial_y f(x,y) = 0.$$

Mit der Kettenregel berechnen wir, dass

$$\partial_x f(x,y) = e^{(x-3)^2+(y+2)^2} \cdot 2(x-3), \qquad \partial_y f(x,y) = e^{(x-3)^2+(y+2)^2} \cdot 2(y+2).$$

Da die Exponentialfunktion nur positive Werte annimmt erhalten wir daraus, dass

$$\partial_x f(x,y) = 0 \quad \Leftrightarrow \quad 2(x-3) = 0 \quad \Leftrightarrow \quad x = 3$$

und

$$\partial_y f(x,y) = 0 \quad \Leftrightarrow \quad 2(y+2) = 0 \quad \Leftrightarrow \quad y = -2.$$

Damit ist $(3,-2)$ die einzige mögliche lokale Extremstelle. Um die hinreichende Bedingung zu überprüfen, berechnen wir die partiellen Ableitungen zweiter Ordnung mit der Produktregel und der Kettenregel. Wir erhalten, dass

$$\partial_x \partial_x f(x,y) = \partial_x \left(e^{(x-3)^2+(y+2)^2} \cdot 2(x-3) \right)$$
$$= e^{(x-3)^2+(y+2)^2} \cdot 2(x-3) \cdot 2(x-3) + e^{(x-3)^2+(y+2)^2} \cdot 2$$
$$= e^{(x-3)^2+(y+2)^2} \cdot \left(4(x-3)^2 + 2 \right),$$

sowie

$$\partial_x \partial_y f(x,y) = \partial_x \left(e^{(x-3)^2+(y+2)^2} \cdot 2(y+2) \right)$$
$$= e^{(x-3)^2+(y+2)^2} \cdot 2(y+2) \cdot 2(x-3)$$
$$= 4e^{(x-3)^2+(y+2)^2} \cdot (x-3)(y+2)$$

und

$$\partial_y \partial_y f(x,y) = \partial_y \left(e^{(x-3)^2+(y+2)^2} \cdot 2(y+2) \right)$$
$$= e^{(x-3)^2+(y+2)^2} \cdot 2(y+2) \cdot 2(y+2) + e^{(x-3)^2+(y+2)^2} \cdot 2$$
$$= e^{(x-3)^2+(y+2)^2} \cdot \left(4(y+2)^2 + 2 \right).$$

Einsetzen unserer möglichen Extremstelle liefert, dass

$$\partial_x \partial_x f(3, -2) = e^0 \cdot (4 \cdot 0 + 2) = 2,$$
$$\partial_x \partial_y f(3, -2) = 4e^0 \cdot 0 = 0,$$
$$\partial_y \partial_y f(3, -2) = e^0 \cdot (4 \cdot 0 + 2) = 2.$$

Also ist

$$\partial_x \partial_x f(3, -2) \cdot \partial_y \partial_y f(3, -2) - (\partial_x \partial_y f(3, -2))^2 = 2 \cdot 2 = 4 > 0,$$

und $\partial_x \partial_x f(3, -2) > 0$, sodass f nach Satz 2.71.a) ein lokales Minimum in $(3, -2)$ hat.

Bemerkung 2.74 In vielen praktischen Fragestellungen untersucht man Extrema von Funktionen in mehreren Variablen *unter Nebenbedingungen*. Formal bedeutet dies, dass wir eine Funktion $f \colon \mathbb{R}^n \to \mathbb{R}$ maximieren oder minimieren wollen, dass es aber eine Funktion $g \colon \mathbb{R}^n \to \mathbb{R}$ und ein $c \in \mathbb{R}$ gibt, sodass wir nur Punkte betrachten wollen, welche

$$g(x_1, \ldots, x_n) = c$$

erfüllen. Setzen wir $A = \{(x_1, x_2, \ldots, x_n) \in \mathbb{R}^n \mid g(x_1, x_2, \ldots, x_n) = c\}$, so suchen wir also Punkte $a \in A$, sodass

$$f(x) \leq f(a) \qquad \text{für alle } x \in A.$$

Hierbei könnte f zum Beispiel eine Gewinnfunktion sein und g eine Funktion, die gewisse physische Restriktionen, wie etwa die zur Verfügung stehenden Rohstoffmengen, angibt. Ein weiteres Beispiel haben wir bereits in Anwendung 2.61 gesehen. Hier wollen wir die Funktion $f(x, y) = x \cdot y$ maximieren unter der Nebenbedingung, dass

$$g(x, y) = 100, \qquad \text{wobei } g(x, y) = 2x + 2y.$$

Dieses Problem hatten wir gelöst, indem wir die Nebenbedingung, die durch den Umfang vorgegeben war, genutzt haben, um in der Funktionsgleichung die Variable y durch einen nur von x abhängenden Ausdruck zu ersetzen und die entstehende Funktion in der Variablen x zu untersuchen. Im Allgemeinen lässt sich auf Extremwertprobleme mit Nebenbedingungen oft die *Lagrange'sche Multiplikatorregel* anwenden, die wir in diesem Buch nicht behandeln werden.

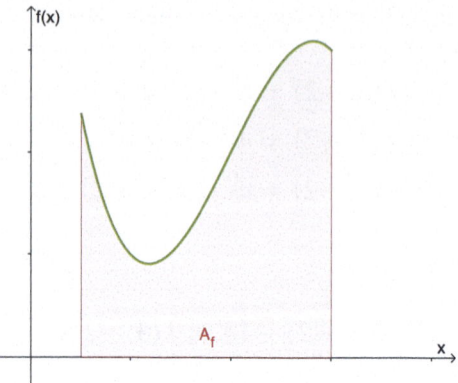

Abb. 2.14 Die Fläche A_f unterhalb des Graphen einer Funktion f

Diese Regel ist hilfreich, wenn die Funktion, welche die Nebenbedingung definiert, so kompliziert ist, dass die Gleichung nicht auf einfache Weise nach den Variablen aufgelöst werden kann.

2.5 Integrale reeller Funktionen

Seien $a, b \in \mathbb{R}$ mit $a < b$ und sei $f : [a, b] \to \mathbb{R}$ eine *stetige*[6] reelle Funktion. Nehme zunächst an, dass $f(x) \geq 0$ für alle $x \in [a, b]$. Wir wollen eine Größe einführen, die den Inhalt der Fläche zwischen dem Graphen von f und der x-Achse misst. Diese ist formal gegeben durch

$$A_f = \{(x, y) \in \mathbb{R}^2 \mid x \in [a, b], \ 0 \leq y \leq f(x)\}.$$

In Abb. 2.14 wird ein Beispiel einer solchen Fläche dargestellt. Für den Flächeninhalt $\mathrm{Fl}(A_f)$ gibt es offensichtlich keine einfache oder allgemeine Formel. Der Ansatz zur Berechnung solcher Flächen ist daher, sie *durch Vereinigungen von Teilmengen von $\mathbb{R}^2$ anzunähern, deren Flächeninhalte wir mit einfachen Mitteln bestimmen können*.

Hierfür wollen wir zunächst ganz konkret *Rechteckflächen* betrachten, deren Flächeninhalte bekanntlich als Produkt der beiden Seitenlängen berechnen werden. Genauer verwenden wir den folgenden Ansatz. Sei $m \in \mathbb{N}$ und seien

---

[6] Eigentlich lässt sich der Integralbegriff auch für viele Funktionen definieren, die nicht stetig sind. Aufgrund des technischen Aufwands dieser Konstruktion betrachten wir aber nur den stetigen Fall.

$t_0, t_1, \ldots, t_m \in [a, b]$ so gewählt, dass

$$a = t_0 < t_1 < t_2 < \cdots < t_m = b.$$

Für jedes $i \in \{1, 2, \ldots, m\}$ bezeichnen wir das Rechteck mit den Eckpunkten $(t_{i-1}, 0)$, $(t_{i-1}, f(t_i))$, $(t_i, 0)$ und $(t_i, f(t_i))$ mit R_i. Weiter bezeichnen wir die Summe der Flächeninhalte der R_i mit

$$R_f(t_0, t_1, \ldots, t_m) = \sum_{i=1}^{m} \mathrm{Fl}(R_i).$$

In Abb. 2.15 ist eine solche Annäherung der Fläche unterhalb eines Graphen durch Rechtecke illustriert. Wegen der Annahme, dass $f(x) \geq 0$ für alle $x \in [a, b]$, hat R_i die Seitenlängen $f(t_i)$ und $t_i - t_{i-1}$. Folglich ist

$$R_f(t_0, t_1, \ldots, t_m) = \sum_{i=1}^{m} (t_i - t_{i-1}) \cdot f(t_i) \tag{2.4}$$

ein erster Näherungswert für $\mathrm{Fl}(A_f)$. Man überlegt sich leicht, dass diese Annäherung umso genauer wird, je „feiner" wir die Stellen t_i wählen. Um nun $\mathrm{Fl}(A_f)$ durch einen *Grenzwert* von Ausdrücken der Form $R_f(t_0, t_1, \ldots, t_m)$ anzunähern, wollen wir daher die Wahl der Stellen systematisieren.

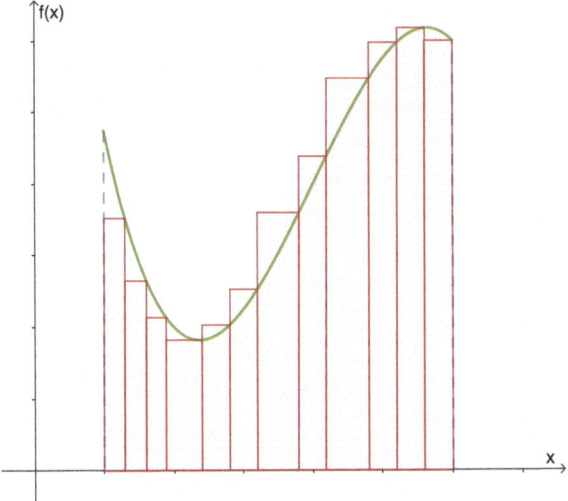

Abb. 2.15 Eine Annäherung der Fläche unterhalb eines Graphen durch Rechtecke

Wir teilen dazu das Intervall $[a, b]$ in m gleich große Teile auf, wobei $m \in \mathbb{N}$. Ist $h = \frac{b-a}{m}$ die Länge des m-ten Teils von $[a, b]$, so erreichen wir dies formal durch die folgende Unterteilung $s_0, s_1, \ldots, s_m \in [a, b]$:

$$s_0 = a, \qquad s_i = s_{i-1} + h \qquad \text{für alle } i \in \{1, 2, \ldots, m\}. \tag{2.5}$$

Dies nennt man auch eine *äquidistante Unterteilung* von $[a, b]$. Aus (2.5) leiten wir her, dass

$$s_i = a + i \cdot h = a + \frac{i}{m}(b - a) \qquad \text{für alle } i \in \{0, 1, \ldots, m\}$$

und erhalten aus (2.4), dass

$$R_f(s_0, s_1, \ldots, s_m) = \sum_{i=1}^{m} \frac{b-a}{m} \cdot f\left(a + \frac{i}{m}(b-a)\right) = \frac{b-a}{m} \sum_{i=1}^{m} f\left(a + \frac{i}{m}(b-a)\right).$$

Durch diesen Ausdruck erhalten wir also für jedes m einen expliziten Näherungswert für $\mathrm{Fl}(A_f)$, der mit größer werdendem m immer genauer werden sollte.

Im Folgenden werden wir nun die Annahme, dass $f(x) \geq 0$ für alle $x \in [a, b]$ gilt, fallen lassen und Funktionen mit negativen Werten zulassen. Für diese können wir mit den gleichen Näherungswerten über Rechteckflächen arbeiten, wenn wir $\int_a^b f(x)\,dx$ nicht als Flächeninhalt, sondern als *Flächenbilanzfunktion* auffassen. Hierbei wird anschaulich der Inhalt von Flächen zwischen Graph(f) und der x-Achse, die *unterhalb der x-Achse* liegen, d. h. in Bereichen, in denen f negatives Vorzeichen hat, mit negativem Vorzeichen gezählt.

Dies ist eine Betrachtungsweise, die tatsächlich praktische Anwendungen hat. Betrachten wir etwa den Gewinn eines Betriebs bei der Produktion in Abhängigkeit von der Zeit, so lässt sich dieser als der entsprechende Flächeninhalt auffassen, der zur Grenzertragsfunktion gehört. Je nachdem, ob diese positiv oder negativ ist, macht der Betrieb gerade Gewinn oder Verlust. Die Flächenbilanz entspricht dann dem Gesamtgewinn über den gesamten Zeitraum *nach Abzug der Verluste*.

Definition 2.75 Seien $a, b \in \mathbb{R}$ mit $a < b$ und sei $f: [a, b] \to \mathbb{R}$ stetig. Für jedes $m \in \mathbb{N}$ setzen wir

$$R_f(m) = \frac{b-a}{m} \sum_{i=1}^{m} f\left(a + \frac{i}{m}(b-a)\right).$$

Wir definieren *das Integral*[7] von f über $[a, b]$ als

$$\int_a^b f(x)\,dx = \lim_{m \to \infty} R_f(m) = \lim_{m \to \infty} \left(\frac{b-a}{m} \sum_{i=1}^m f\left(a + \frac{i}{m}(b-a)\right) \right)$$

Hierbei lässt sich zeigen, dass dieser Grenzwert tatsächlich für jedes stetige f existiert.

Rechenregeln 2.76 (Eigenschaften des Integrals). Seien $a, b \in \mathbb{R}$ mit $a < b$, seien $f: [a, b] \to \mathbb{R}$ und $g: [a, b] \to \mathbb{R}$ stetig und sei $\lambda \in \mathbb{R}$. Dann gilt

(i) $\int_a^b (f(x) + g(x))\,dx = \int_a^b f(x)\,dx + \int_a^b g(x)\,dx$,

(ii) $\int_a^b \lambda f(x)\,dx = \lambda \cdot \int_a^b f(x)\,dx$.

(iii) Ist $c \in (a, b)$, so gilt $\int_a^b f(x)\,dx = \int_a^c f(x)\,dx + \int_c^b f(x)\,dx$.

Beispiel 2.77 Sei $f: [0, 4] \to \mathbb{R}$, $f(x) = \frac{1}{2}x$. Anschaulich ist die Fläche unterhalb des Graphen ein rechtwinkliges Dreieck mit den Kathetenlängen 4 und 2, also erwarten wir elementargeometrisch, dass der Flächeninhalt $\frac{1}{2} \cdot 4 \cdot 2 = 4$ beträgt. Wir wollen nun nachrechnen, dass wir diesen Wert auch für $\int_0^4 f(x)\,dx$ erhalten.

Wir benutzten die Definition von f und erhalten für alle $m \in \mathbb{N}$ mit $a = 0$ und $b = 4$, dass

$$R_f(m) = \frac{4}{m} \sum_{i=1}^m f\left(\frac{4i}{m}\right) = \frac{4}{m} \sum_{i=1}^m \frac{1}{2} \cdot \frac{4i}{m} = \frac{4}{m} \sum_{i=1}^m \frac{2i}{m}.$$

Im Inneren der Summe können wir nach Rechenregel 1.22.(ii) den Faktor $\frac{2}{m}$ vor die Summe ziehen und erhalten mithilfe der Gauß'schen Summenformel aus Satz 1.27, dass

$$R_f(m) = \frac{8}{m^2} \sum_{i=1}^m i = \frac{8}{m^2} \cdot \frac{m(m+1)}{2} = 4 \frac{m+1}{m} = 4\left(1 + \frac{1}{m}\right).$$

---

[7] Eigentlich handelt es sich hierbei um das sogenannte *Riemann*-Integral, welches wir der Einfachheit halber nur als Integral bezeichnen. In der Wahrscheinlichkeitstheorie und anderen Bereichen der Mathematik wird das allgemeinere *Lebesgue*-Integral betrachtet, sodass man dort sprachlich meistens zwischen beiden Integraltypen unterscheidet.

Mithilfe dieser Formel können wir nun das Integral bestimmen. Hier ist nämlich

$$\int_0^4 f(x)\,dx = \lim_{m\to\infty} R_f(m) = \lim_{m\to\infty} 4\left(1 + \frac{1}{m}\right) = 4,$$

da wir uns leicht überlegen, dass $\frac{1}{m}$ für immer größer werdendes m beliebig nahe bei null liegt und der Ausdruck in der Klammer daher im Grenzwert 1 ergibt.

Man beachte, dass wir das Integral in Beispiel 2.77 nur deshalb so explizit ausrechnen konnten, weil die Funktion eine sehr einfache Form hat, durch die wir die auftauchenden Summen mit der Gauß'schen Summenformel ausrechnen konnten. Im Allgemeinen ergeben sich für die Werte von $R_f(m)$ deutlich kompliziertere Ausdrücke, deren Grenzwerte oft alles andere als offensichtlich sind.

Um Integrale explizit auszurechnen, gibt es noch einen weiteren Ansatz, welcher etwa benutzt werden kann, wenn nicht die ganze Funktion bekannt ist, sondern wir nur einige ihrer Werte kennen. Hierzu verwenden wir die *lineare Interpolation* aus Anwendung 2.10 und nehmen der Einfachheit halber an, dass die Funktion nichtnegativ ist.

Idee: Sei $f : [a, b] \to \mathbb{R}$ stetig mit $f(x) \geq 0$ für alle $x \in [a, b]$. Wähle Werte

$$a = t_0 < t_1 < t_2 < \cdots < t_m = b$$

und betrachte die lineare Interpolationsfunktion der Punkte $(t_0, f(t_0))$, $(t_1, f(t_1))$, ..., $(t_m, f(t_m))$. Bezeichnen wir diese mit $g : [a, b] \to \mathbb{R}$, so können wir $\int_a^b g(x)\,dx$ als Näherungswert für $\int_a^b f(x)\,dx$ betrachten.

Diese Situation wird in Abb. 2.16 veranschaulicht. Kennen wir nur einige Werte der Funktion, so können wir in dieser Idee natürlich als t_i gerade die Stellen verwenden, deren Werte wir kennen. Die lineare Interpolationsfunktion hat gegenüber einer allgemeinen Funktion einen Vorteil, wenn es um den Flächeninhalt unter dem Graphen geht: Die besagte Fläche ist als Vereinigung von *Trapezen*[8] gegeben, für die es eine aus der Schulgeometrie bekannte elementare Flächenformel gibt.

Ist nämlich T ein Trapez und sind ℓ_1 und ℓ_2 die Längen von zwei parallelen Seiten von T und h die zugehörige Höhe, so ist der Flächeninhalt von T

---

[8] Zur Erinnerung: Ein Viereck heißt *Trapez*, wenn es zwei zueinander parallele Seiten besitzt.

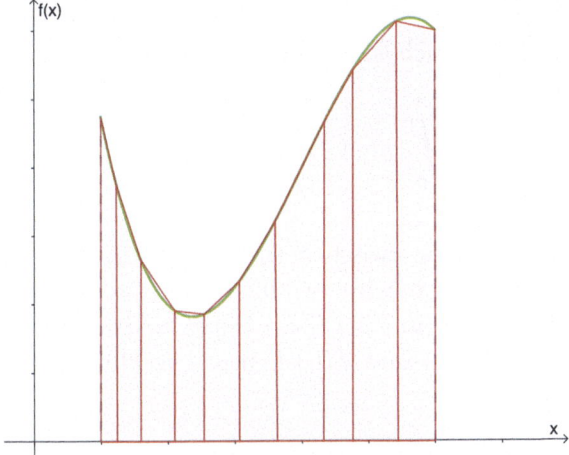

Abb. 2.16 Die Annäherung eines Integrales mithilfe der Trapezregel

gegeben durch
$$\text{Fl}(T) = \frac{1}{2}(\ell_1 + \ell_2) \cdot h.$$

Hieraus leiten wir nun die folgende Formel her, wobei wir ohne Beweis annehmen, dass unsere Definition des Integrals tatsächlich den gewünschten Flächeninhalt ergibt.

Satz 2.78 (Trapezregel). *Seien $a, b \in \mathbb{R}$ mit $a < b$ und sei $f : [a, b] \to \mathbb{R}$ eine stetige Funktion, für die gilt, dass $f(x) \geq 0$ für alle $x \in [a, b]$. Sei $m \in \mathbb{N}$ und seien $t_0, t_1, \ldots, t_m \in [a, b]$ so gewählt, dass $a = t_0 < t_1 < \cdots < t_m = b$. Dann gilt*

$$\int_a^b f(x)\,dx \approx \sum_{i=1}^m \frac{f(t_{i-1}) + f(t_i)}{2}(t_i - t_{i-1}).$$

Beweis Sei $g : [a, b] \to \mathbb{R}$ die lineare Interpolationsfunktion der Punkte $(t_0, f(t_0)), (t_1, f(t_1)), \ldots, (t_m, f(t_m))$. Wie oben erläutert betrachten wir den Näherungswert

$$\int_a^b f(x)\,dx \approx \int_a^b g(x)\,dx.$$

Für jedes $i \in \{1, 2, \ldots, m\}$ bezeichnen wir das Viereck mit den Eckpunkten $(t_{i-1}, 0), (t_i, 0), (t_{i-1}, f(t_{i-1}))$ und $(t_i, f(t_i))$ mit T_i. Identifizieren wir

$\int_a^b g(x)\,dx$ mit dem Inhalt der Fläche zwischen Graph (g) und der x-Achse in $\mathbb{R}^2$, so überzeugt man sich leicht, dass

$$\int_a^b g(x)\,dx = \sum_{i=1}^m \mathrm{Fl}(T_i).$$

Da die Verbindungsstrecke zwischen $(t_i, 0)$ und $(t_i, f(t_i))$ für jedes $i \in \{0, 1, \ldots, m\}$ parallel zur y-Achse ist, sind die entsprechenden Seiten der T_i parallel zueinander. Damit ist jedes T_i ein Trapez, in dem die beiden parallelen Seiten die Längen $f(t_{i-1})$ und $f(t_i)$ haben. Die Höhe lesen wir leicht als $t_i - t_{i-1}$ ab, sodass

$$\mathrm{Fl}(T_i) = \frac{1}{2}(f(t_{i-1}) + f(t_i))(t_i - t_{i-1})$$

für jedes $i \in \{1, 2, \ldots, m\}$ und folglich

$$\int_a^b g(x)\,dx = \sum_{i=1}^m \frac{f(t_{i-1}) + f(t_i)}{2}(t_i - t_{i-1}).$$

Genau dies wollten wir zeigen. □

Wenden wir die Trapezregel auf die äquidistanten Unterteilungen an, mit denen wir die $R_f(m)$ definiert hatten, so ergibt sich eine explizite Formel ohne Hilfsgrößen.

Satz 2.79 (Trapezregel bei äquidistanter Unterteilung). *Seien $a, b \in \mathbb{R}$ mit $a < b$, sei $f\colon [a,b] \to \mathbb{R}$ eine stetige Funktion, für die gilt, dass $f(x) \geq 0$ für alle $x \in [a,b]$ und sei $m \in \mathbb{N}$. Dann ist*

$$\int_a^b f(x)\,dx \approx \frac{b-a}{m}\left(\frac{f(a)+f(b)}{2} + \sum_{i=1}^{m-1} f\left(a + i\cdot \frac{b-a}{m}\right)\right).$$

Beweis Sei wieder $h = \frac{b-a}{m}$ und sei $t_i = a + ih$ für alle $i \in \{1, 2, \ldots, m\}$. Wenden wir Satz 2.78 auf diese Unterteilung an, so erhalten wir mithilfe von Rechenregel 1.22.a), dass

$$\int_a^b f(x)\,dx \approx \sum_{i=1}^m \frac{f(a+(i-1)h)+f(a+ih)}{2} \cdot h$$

$$= \frac{h}{2}\sum_{i=1}^m (f(a+(i-1)h)+f(a+ih)) = \frac{h}{2}\left(\sum_{i=1}^m f(a+(i-1)h) + \sum_{i=1}^m f(a+ih)\right)$$

$$= \frac{h}{2}((f(a)+f(a+h)+\cdots+f(a+(m-1)h)) + (f(a+h)+f(a+2h)+\cdots+f(a+mh)))$$

$$= \frac{h}{2}\left(f(a)+2f(a+h)+2f(a+2h)+\cdots+2f(a+(m-1)h)+f(\underbrace{a+mh}_{=b})\right)$$

$$= \frac{h}{2}\left(f(a)+f(b)+2\sum_{i=1}^{m-1} f(a+ih)\right) = h\left(\frac{f(a)+f(b)}{2} + \sum_{i=1}^{m-1} f(a+ih)\right)$$

$$= \frac{b-a}{m}\left(\frac{f(a)+f(b)}{2} + \sum_{i=1}^{m-1} f\left(a+i\cdot\frac{b-a}{m}\right)\right).$$

Diese Formel wollten wir herleiten. □

Verfahren wie die Trapezregel, mit denen Integrale näherungsweise berechnet werden können, nennt man auch Verfahren der *numerischen Integration*. Um Integrale uns bekannter grundlegender Funktionen in der Praxis zu berechnen, gibt es jedoch einen ganz anderen Ansatz, der uns zu einem der schönsten Sätze der Mathematik führt, welcher das Integral mit der Ableitung verbindet. Hierzu führen wir zunächst einen neuen Begriff ein.

Definition 2.80 Sei I ein Intervall und sei $f: I \to \mathbb{R}$. Eine Funktion $F: I \to \mathbb{R}$ heißt *Stammfunktion von f*, wenn F differenzierbar ist und $F'(x) = f(x)$ für alle $x \in I$ gilt.

Bemerkung 2.81 Sind $F_1: I \to \mathbb{R}$ und $F_2: I \to \mathbb{R}$ Stammfunktionen derselben Funktion, so lässt sich zeigen, dass es eine Konstante $c \in \mathbb{R}$ gibt, sodass
$$F_1(x) = F_2(x) + c \qquad \text{für alle } x \in I.$$

Mit anderen Worten unterscheiden sich zwei Stammfunktionen derselben Funktion nur um eine (addierte) Konstante.

Der folgende Satz ist der vielleicht wichtigste Satz der gesamten Analysis und eines der fundamentalsten Ergebnisse der Mathematik. Man beachte, dass die Konstruktion des Integrals und die der Ableitung in Abschn. 2.3 bislang gar nichts miteinander zu tun haben und völlig unabhängig voneinander sind.

Tatsächlich hängen die beiden jedoch sehr eng miteinander zusammen, was in folgendem Satz ausgedrückt wird.

Satz 2.82 (Hauptsatz der Differential- und Integralrechnung). *Sei* $f : [a, b] \to \mathbb{R}$ *stetig und sei* $F : [a, b] \to \mathbb{R}$ *eine Stammfunktion von* f. *Dann gilt*

$$\int_a^b f(x)\,dx = F(b) - F(a).$$

Mithilfe des Hauptsatzes lassen sich viele elementare Funktionen integrieren, indem wir die Ableitungen, die wir kennen, „rückwärts" denken.

Beispiel 2.83

(1) Betrachte die Funktion $f : [0, 4] \to \mathbb{R}$, $f(x) = \frac{1}{2}x$, aus Beispiel 2.77. Da offensichtlich $f(x) = \frac{1}{4} \cdot 2x$ gilt, ist eine Stammfunktion von f gegeben durch $F : [0, 4] \to \mathbb{R}$, $F(x) = \frac{1}{4}x^2$. Nach dem Hauptsatz der Differential- und Integralrechnung ist folglich

$$\int_0^4 f(x)\,dx = F(4) - F(0) = \frac{1}{4} \cdot 4^2 - 0 = 4,$$

was mit unserem elementar bestimmten Ergebnis aus Beispiel 2.77 übereinstimmt.

(2) Sei $f : [1, 2] \to \mathbb{R}$, $f(x) = x^4 + \sqrt{x}$.

Wir wissen, dass $\sqrt{x} = x^{\frac{1}{2}}$, sodass $f(x) = x^4 + x^{\frac{1}{2}}$. Wir wollen folglich mit der Ableitungsregel für Potenzen arbeiten. Nach dieser ist $(x^p)' = px^{p-1}$. Um also bei der Ableitung eine Potenz mit einem bestimmten Exponenten herauszubekommen, sollte bei der Funktion, die abgeleitet wird, der Exponent gerade um 1 größer sein. Für unsere Zwecke stellen wir fest, dass $(x^5)' = 5x^4$ und $(x^{\frac{3}{2}})' = \frac{3}{2}x^{\frac{1}{2}}$, woran uns nur die Vorfaktoren stören. Diese sind jedoch kein Problem: wählen wir

$$F(x) = \frac{1}{5}x^5 + \frac{2}{3}x^{\frac{3}{2}},$$

so ist folglich nach der Summenregel und der Faktorregel aus den Rechenregeln 2.41

$$F'(x) = \frac{1}{5} \cdot 5x^4 + \frac{2}{3} \cdot \frac{3}{2}x^{\frac{1}{2}} = x^4 + \sqrt{x} = f(x),$$

also ist F eine Stammfunktion von f. Nach dem Hauptsatz der Differential- und Integralrechnung erhalten wir daher:

$$\int_1^2 (x^4+\sqrt{x})\,dx = F(2)-F(1) = \frac{2^5}{5}+\frac{2}{3}2^{\frac{3}{2}}-\frac{1^5}{5}-\frac{2}{3}1^{\frac{3}{2}} = \frac{31}{5}+\frac{2}{3}(2\sqrt{2}-1).$$

(3) Sei $f: [1, e^2] \to \mathbb{R}$, $f(x) = \frac{3}{x}$. Hier nutzen wir, dass $\ln'(x) = \frac{1}{x}$ gilt und damit $F(x) = 3\ln x$ eine Stammfunktion von f ist. Also ist

$$\int_1^{e^2} \frac{3}{x}\,dx = F(e^2) - F(1) = 3\ln(e^2) - 3\ln(1) = 6 - 0 = 6.$$

Um Integrale komplizierterer Funktionen zu bestimmen, zum Beispiel von Produkten oder Verkettungen, sind fortgeschrittene Integrationsmethoden notwendig, die in diesem Buch nicht behandelt werden. Die beiden wichtigsten sind hierbei die *partielle Integration* für Produkte differenzierbarer Funktionen, bei der ausgehend von der Produktregel der Ableitung „rückwärts" gerechnet wird, um eine Stammfunktion zu bestimmen, sowie die *Substitutionsregel*, bei der analog die Kettenregel der Ableitung genutzt und entsprechend „rückwärts" gerechnet wird.

2.6 Aufgaben zu Kap. 2

Aufgabe 2.1

a) Ein Artikel wird mit fixen Kosten von 200 € sowie zusätzlichen 50 € pro hergestelltem Artikel hergestellt. Geben Sie die eine Formel für die Funktion $f: \mathbb{N} \to \mathbb{R}$ an, die jedem n die Herstellungskosten von n Stück des Artikels zuordnet.

b) Wir nehmen an, dass für einen Anruf bei einer Hotline die folgenden Bedingungen gelten: in den ersten fünf Minuten kostet jede angebrochene Minute den Anrufer 1 €. Wenn das Gespräch mindestens fünf Minuten dauert, kostet das Gespräch pauschal 5 €.
Geben Sie die abschnittsweise definierte Funktion $f: [0, +\infty) \to \mathbb{R}$ an, die einem Gespräch der Dauer x (hierbei entspreche $x = 1$ einer Minute) den Preis des Gesprächs in € zuordnet.

Aufgabe 2.2 Geben Sie die größtmöglichen Definitionsbereiche der folgenden Funktionen an:

a) $f_1(x) = \sqrt{3x+5}$, b) $f_2(x) = \dfrac{x^4+2}{x^2+x-6}$, c) $f_3(x) = \dfrac{x^4+2}{x^3+2x^2+x}$, d) $f_4(x) = \sqrt{x^2+4x+5}$.

Aufgabe 2.3 Bestimmen Sie die Lösungsmengen der folgenden (Un)gleichungen:

a) $|3x+6| = x+4$, b) $|x+4| \geq 3x+1$, c) $|x^2-2| = 2x$, d) $\dfrac{3}{1+|x-2|} < 1$.

Aufgabe 2.4 Wir können die Verkettung von mehr als zwei Funktionen definieren, indem wir die Definition der Verkettung wieder und wieder anwenden. So betrachten wir etwa

$$(f_1 \circ f_2 \circ f_3)(x) = ((f_1 \circ f_2) \circ f_3)(x) = (f_1 \circ f_2)(f_3(x)) = f_1(f_2(f_3(x)))$$

und allgemeiner $(f_1 \circ f_2 \circ \cdots \circ f_n)(x) = f_1(f_2(\ldots(f_n(x))\ldots))$. Wir betrachten nun die Funktionen

$$f: (0, +\infty) \to (0, +\infty), \quad f(x) = x^2,$$
$$g: (0, +\infty) \to (0, +\infty), \quad g(x) = \frac{1}{x+1},$$
$$h: (0, +\infty) \to (0, +\infty), \quad h(x) = e^x.$$

Drücken Sie die Funktionen F_1, F_2, F_3 und F_4 als mehrfache Verkettungen der Funktionen f, g und h aus.

$$F_1(x) = \frac{1}{e^{2x}+1}, \quad F_2(x) = e^{8x}, \quad F_3(x) = \frac{1}{(e^x+1)^2}, \quad F_4(x) = \frac{1}{e^{\frac{1}{x+1}}+1}.$$

(*Beispiel:* Für $F_0(x) = e^{2x^2}$ erhält man wegen $e^{2x^2} = (e^{x^2})^2$, dass $F_0 = f \circ h \circ f$.)

Aufgabe 2.5 Bestimmen Sie die Lösungen der folgenden Gleichungen:

a) $\log_3(9x) = 6$, b) $\log_x\left(\dfrac{2}{x}\right) = 7$, c) $\log_x(33x^4) = 5$, d) $\log_{10}(x) - 1 = -\log_{10}(x-9)$,

e) $\ln(\ln(x)) = 0$, f) $\log_4(2^{\frac{2}{x}}) = 3$, g) $\log_3(3^x + 3^{x-2}) = 5$.

Aufgabe 2.6 Bestimmen Sie die ersten Ableitungen der folgenden Funktionen.

a) $f(x) = 5x^4 - 4x^3 + 3x^2 - 2x + 1$, b) $f(x) = \dfrac{x^2+1}{x^2+3}$, c) $f(x) = \ln(x^4+1)$,

d) $f(x) = x^3 \cdot 3^x$, e) $f(x) = (2x-3)^{2023}$, f) $f(x) = \dfrac{3x^5 - 2x^3}{x^4+1}$, g) $f(x) = e^{\sqrt{3x+1}}$,

h) $f(x) = \dfrac{x^2 \cdot \ln x}{x-1}$, i) $f(x) = \sin(x \cdot e^{x+4})$, j) $f(x) = e^{\cos(x)} \cdot x^2$, k) $f(x) = \sqrt[3]{x^2 + x + 1}$.

Aufgabe 2.7 Zeigen Sie, dass $x^2 e^{1/x} > 1$ für alle $x \in (0, +\infty)$.

Tipp Untersuchen Sie das Verhalten der Funktion $f(x) = x^2 e^{1/x}$ anhand ihrer Ableitung.

Aufgabe 2.8 Auf einem Bauernhof soll ein Silo mit einem Volumen von 5000 m³ gebaut werden. Das Silo soll aus einem Zylinder mit kreisförmiger Grundfläche und einer oben aufgesetzten Kuppel in Form einer Halbkugel bestehen. Es bezeichne h die Höhe des Zylinders und r den Radius seiner Grundfläche, jeweils in Metern gemessen. Wie müssen r und h gewählt werden, um die Oberfläche des Silos minimal werden zu lassen? (Hierbei sei die Bodenfläche nicht mitgerechnet, da diese nicht der Witterung ausgesetzt ist.)

Hinweise Stellen Sie zunächst Formeln für Volumen und Oberfläche des Silos in Abhängigkeit von r und h auf. Nutzen Sie dann die Nebenbedingung an das Volumen, um aus den Fragestellungen Extremwertprobleme in *einer* Variablen zu machen.

Aufgabe 2.9 Berechnen Sie die partiellen Ableitungen erster Ordnung der folgenden Funktionen:

a) $f(x, y, z) = x^3 y^2 z - 2xy - 3(x - 2y + 2z)^2$, b) $f(x, y) = (2x - 3y)^4$,

c) $f(x, y, z) = \dfrac{(2x-1)(3y-2)}{4z-3}$, d) $f(x, y) = x \cdot e^{x^2 y} - \ln(x^2 + 4)$.

Aufgabe 2.10 Bestimmen Sie alle lokalen Extrema und Sattelpunkte der folgenden Funktionen:

a) $f(x, y) = x^3 + y^3 - 3xy + 1$
b) $f(x, y) = \frac{1}{2}x^2 - \frac{1}{3}y^3 - xy + x - y + 1$

c) $f(x, y) = x^2 y - 4x + 2y - 6\ln(y)$
d) $f(x, y) = (2y - 1)(x + 1) - 3\ln(x) - 8\ln(y)$

Aufgabe 2.11 Eine Firma stellt zwei unterschiedliche Stickstoffdünger S_1 und S_2 her, die beide zu 300 €/t verkauft werden. Wir bezeichnen die hergestellte Menge von S_1 mit x_1 und die von S_2 mit x_2, beides in Tonnen gemessen. Die Herstellungskosten der Dünger seien für S_1 gegeben durch

$$k_1(x_1) = \frac{1}{250}x_1^2 + 8x_1 + 1000$$

und für S_2 gegeben durch

$$k_2(x_2) = \frac{1}{100}x_2^2 + 8x_2 + 550.$$

a) Stellen Sie eine Funktion $f : \mathbb{R}^2 \to \mathbb{R}$ auf, die für positive Werte von x_1 und x_2 den Gewinn des Betriebs nach Abzug der Herstellungskosten der entsprechenden Mengen der beiden Dünger angibt.
b) Bestimmen Sie die lokalen Extrema von f. Für welche Herstellungsmengen erreicht der Gewinn ein lokales Maximum und wie hoch ist der Gewinn in diesem Fall?

Aufgabe 2.12 Wir betrachten die Funktion $f : [1, 3] \to \mathbb{R}, f(x) = -x^2 + 4x$.

a) Berechnen Sie $\int_1^3 f(x)\,dx$.
b) Berechnen Sie mithilfe der Trapezregel einen Näherungswert für die Aufteilung von $[1, 3]$ in fünf gleich lange Teilintervalle und vergleichen Sie den Näherungswert mit dem tatsächlichen Wert des Integrals.

Aufgabe 2.13 Berechnen Sie die folgenden Integrale:

a) $\int_0^1 (2x^3 + 2e^x - 5)\,dx$, b) $\int_1^{\ln 2} e^{2x}\,dx$, c) $\int_1^2 (3x - 2)^4\,dx$,

d) $\int_1^3 (\sqrt[3]{x} + \sqrt[4]{x})\,dx$, e) $\int_2^3 2^x\,dx$, f) $\int_1^4 \frac{1}{(4x - 1)^3}\,dx$, g) $\int_0^7 \sqrt[3]{1 + x}\,dx$.

3

Elementare lineare Algebra

In diesem Kapitel werden wir einige Grundbegriffe der linearen Algebra kennenlernen und diese vor allem an der Lösungstheorie linearer Gleichungssysteme veranschaulichen. Um mit diesen Systemen arbeiten zu können, schauen wir uns einige Definitionen und Regeln der Vektorrechnung in $\mathbb{R}^n$ an und benutzen reelle Matrizen und ihre rechnerischen Eigenschaften als Werkzeuge.

3.1 Lineare Gleichungssysteme und Matrizen

Wir beginnen mit einer konkreten Fragestellung, welche wir im Laufe dieses Kapitels beantworten werden.

Motivation 3.1 Ein Betrieb stellt drei Produkte P_1, P_2 und P_3 her. Alle drei Produkte werden aus den gleichen drei Rohstoffen R_1, R_2 und R_3 hergestellt. Die folgende Tabelle zeigt, wieviele Einheiten der drei Rohstoffe benötigt werden, um jeweils eine Einheit des entsprechenden Produkts herzustellen. In der letzten Spalte ist zusätzlich der Lagerbestand der drei Rohstoffe dargestellt, also die Anzahl der Einheiten, die im Betrieb vorrätig sind.

	P_1	P_2	P_3	Bestand
R_1	4	2	5	255
R_2	3	5	7	380
R_3	5	1	3	210

Wieviele Einheiten der einzelnen Produkte können vom Betrieb hergestellt werden, sodass der volle Lagerbestand aller drei Rohstoffe verarbeitet wird? Gibt es überhaupt eine solche Kombination von Einheiten?

Wir bezeichnen die Anzahl der hergestellten Einheiten von P_1, P_2 und P_3 mit x_1, x_2 und x_3. Abstrahieren wir das Problem, so suchen wir also Werte von x_1, x_2, x_3, für die die folgenden drei Gleichungen gleichzeitig erfüllt sind.

$$\begin{aligned} 4x_1 + 2x_2 + 5x_3 &= 255, \\ 3x_1 + 5x_2 + 7x_3 &= 380, \\ 5x_1 + x_2 + 3x_3 &= 210. \end{aligned} \tag{3.1}$$

Jede der drei Gleichungen besagt dabei, dass einer der Rohstoffe vollständig verarbeitet wird. Gibt es solche Werte von x_1, x_2 und x_3 und wenn ja, wie viele? Auf dieses Problem kommen wir später zurück, nachdem wir eine allgemeine Lösungsmethode für solche Probleme entwickelt haben.

Eine Situation wie in (3.1) nennt man ein *lineares Gleichungssystem*. Hierbei bedeutet *Gleichungssystem*, dass wir nach Lösungen suchen, für die alle angegebenen Gleichungen *gleichzeitig* erfüllt sind. *Linear* bedeutet, dass in jeder der Gleichungen die Variablen nur mit Konstanten multipliziert und die Resultate addiert werden, dass jedoch keine höheren Potenzen der Variablen oder allgemeine Funktionen in den Variablen in den Gleichungen auftauchen. Die folgende Definition beschreibt die allgemeine Form solcher Systeme.

Definition 3.2 Seien $m, n \in \mathbb{N}$. Ein *lineares Gleichungssystem in m Gleichungen und n Variablen* ist ein Gleichungssystem der Form

$$\begin{aligned} a_{11}x_1 + a_{12}x_2 + \cdots + a_{1n}x_n &= b_1, \\ a_{21}x_1 + a_{22}x_2 + \cdots + a_{2n}x_n &= b_2, \\ \vdots \quad \vdots \quad\quad \vdots \quad\quad \vdots& \\ a_{m1}x_1 + a_{m2}x_2 + \cdots + a_{mn}x_n &= b_m, \end{aligned} \tag{3.2}$$

wobei wir $a_{ij} \in \mathbb{R}$ für alle $i \in \{1, 2, \ldots, m\}$ und $j \in \{1, 2, \ldots, n\}$ sowie $b_1, b_2, \ldots, b_m \in \mathbb{R}$ als gegebene Konstanten und $x_1, x_2, \ldots, x_n$ als Variablen auffassen.

Im linearen Gleichungssystem aus (3.1) sind etwa $m = 3$, $n = 3$, $a_{11} = 4$, $a_{12} = 2$, $a_{13} = 5$, $a_{21} = 3$, $a_{22} = 5$, $a_{23} = 7$, $a_{31} = 5$, $a_{32} = 1$, $a_{33} = 3$, $b_1 = 255$, $b_2 = 380$ und $b_3 = 210$.

Bemerkung 3.3 Man beachte, dass sich das lineare Gleichungssystem (3.2) mithilfe des Summenzeichens deutlich kürzer schreiben lässt. Es ist nämlich (3.2) genau dann erfüllt, wenn

$$\sum_{j=1}^{n} a_{ij} x_j = b_i \quad \text{für alle } i \in \{1, 2, \ldots, m\}.$$

Im letzten Kapitel haben wir bereits die Menge $\mathbb{R}^n = \{(x_1, x_2, \ldots, x_n) \mid x_1, x_2, \ldots, x_n \in \mathbb{R}\}$ betrachtet. Auf dieser Menge wollen wir nun Rechenoperationen definieren.

Definition 3.4 Sei $n \in \mathbb{N}$ und seien $x, y \in \mathbb{R}^n$, wobei wir deren Einträge mit $x = (x_1, x_2, \ldots, x_n)$ und $y = (y_1, y_2, \ldots, y_n)$ bezeichnen.

a) Wir definieren die *Summe von x und y* als

$$x + y = (x_1 + y_1, x_2 + y_2, \ldots, x_n + y_n),$$

also als koordinatenweise Addition ihrer Einträge.

b) Für $\lambda \in \mathbb{R}$ definieren wir weiter

$$\lambda \cdot x = (\lambda x_1, \lambda x_2, \ldots, \lambda x_n).$$

Häufig schreiben wir nur λx statt $\lambda \cdot x$.

c) Betrachten wir $\mathbb{R}^n$ mit diesen Rechenoperationen, so nennen wir Elemente von $\mathbb{R}^n$ auch *Vektoren* und Werte aus $\mathbb{R}$, mit denen wir Vektoren multiplizieren, *Skalare*.

d) Wir schreiben $-x \in \mathbb{R}^n$ für den Vektor $(-1) \cdot x$, es ist also $-x = (-x_1, -x_2, \ldots, -x_n)$. Weiter bezeichnen wir den Vektor $(0, 0, \ldots, 0) \in \mathbb{R}^n$ einfach mit 0 und nennen ihn den *Nullvektor*.

Vektoren und Skalare erfüllen gewisse Rechenregeln, die alle direkt aus den üblichen Rechenregeln für reelle Zahlen folgen und sich deshalb ohne Probleme direkt nachrechnen lassen.

Rechenregeln 3.5 (Regeln der Vektorrechnung). Sei $n \in \mathbb{N}$. Für alle Vektoren $x, y, z \in \mathbb{R}^n$ und alle Skalare $\lambda, \mu \in \mathbb{R}$ gilt:

(i) $(x + y) + z = x + (y + z)$,
(ii) $x + y = y + x$,

(iii) $(\lambda \cdot \mu) \cdot x = \lambda \cdot (\mu \cdot x)$,
(iv) $\lambda(x + y) = \lambda x + \lambda y$,
(v) $(\lambda + \mu)x = \lambda x + \mu x$.

Um mit linearen Gleichungssystemen effizient arbeiten und ihre Struktur besser untersuchen zu können, führen wir zunächst einen neuen Formalismus ein, nämlich den der *Matrizen*.

Definition 3.6 Seien $m, n \in \mathbb{N}$.

a) Eine $m \times n$-*Matrix* (gesprochen: „m Kreuz n Matrix") ist ein rechteckiges Zahlenschema der Form

$$A = \begin{pmatrix} a_{11} & a_{12} & \ldots & a_{1n} \\ a_{21} & a_{22} & \ldots & a_{2n} \\ \vdots & \vdots & \ddots & \vdots \\ a_{m1} & a_{m2} & \ldots & a_{mn} \end{pmatrix}, \qquad (3.3)$$

wobei $a_{ij} \in \mathbb{R}$ für alle $i \in \{1, 2, \ldots, m\}$, $j \in \{1, 2, \ldots, n\}$. Die Zahlen a_{ij} nennen wir die *Einträge von* A. In Kurzform schreiben wir auch $A = (a_{ij})$.

b) Die Menge aller $m \times n$-Matrizen bezeichnen wir mit $M(m \times n)$.

c) Eine $m \times 1$-Matrix, also eine Matrix der Form

$$\begin{pmatrix} a_1 \\ a_2 \\ \vdots \\ a_m \end{pmatrix},$$

nennen wir einen *Spaltenvektor* mit m Einträgen. Ist eine $m \times n$-Matrix durch (3.3) gegeben, so nennen wir die Spaltenvektoren

$$\begin{pmatrix} a_{1j} \\ a_{2j} \\ \vdots \\ a_{mj} \end{pmatrix}, \qquad \text{wobei } j \in \{1, 2, \ldots, n\},$$

die *Spalten von* A.

d) Eine $1 \times n$-Matrix, also eine Matrix der Form

$$\begin{pmatrix} a_1 & a_2 & \ldots & a_n \end{pmatrix}$$

nennen wir einen *Zeilenvektor* mit n Einträgen. Ist eine $m \times n$-Matrix durch (3.3) gegeben, so nennen wir die Zeilenvektoren

$$\begin{pmatrix} a_{i1} & a_{i2} & \ldots & a_{in} \end{pmatrix}, \qquad \text{wobei } i \in \{1, 2, \ldots, m\},$$

die *Zeilen von A*.

Beispiel 3.7

(1) Die Matrix
$$A = \begin{pmatrix} 2 & -6 & 0 & 3 \\ 1 & 7 & 8 & -2 \\ 0 & \frac{1}{2} & 1 & -1 \end{pmatrix}$$

ist eine 3×4-Matrix. Ihre Zeilen sind durch

$$\begin{pmatrix} 2 & -6 & 0 & 3 \end{pmatrix}, \quad \begin{pmatrix} 1 & 7 & 8 & -2 \end{pmatrix}, \quad \begin{pmatrix} 0 & \frac{1}{2} & 1 & -1 \end{pmatrix}$$

und ihre Spalten durch

$$\begin{pmatrix} 2 \\ 1 \\ 0 \end{pmatrix}, \quad \begin{pmatrix} -6 \\ 7 \\ \frac{1}{2} \end{pmatrix}, \quad \begin{pmatrix} 0 \\ 8 \\ 1 \end{pmatrix}, \quad \begin{pmatrix} 3 \\ -2 \\ -1 \end{pmatrix}$$

gegeben.

(2) Für jedes $n \in \mathbb{N}$ erhalten wir eine Matrix $I_n \in M(n \times n)$ durch

$$I_n = \begin{pmatrix} 1 & 0 & 0 & \ldots & 0 \\ 0 & 1 & 0 & \ldots & 0 \\ 0 & 0 & 1 & \ldots & 0 \\ \vdots & \vdots & \vdots & \ddots & \vdots \\ 0 & 0 & 0 & \ldots & 1 \end{pmatrix}.$$

I_n heißt die *n-dimensionale Einheitsmatrix*.

(3) Für alle $m, n \in \mathbb{N}$ erhalten wir eine Matrix $0_{m \times n} \in M(m \times n)$ durch

$$0_{m \times n} = \begin{pmatrix} 0 & 0 & \ldots & 0 \\ 0 & 0 & \ldots & 0 \\ \vdots & \vdots & \ddots & \vdots \\ 0 & 0 & \ldots & 0 \end{pmatrix}.$$

Eine Matrix dieser Form nennen wir auch *Nullmatrix*.

Bemerkung 3.8 Sei $n \in \mathbb{N}$. Im Folgenden werden wir Punkte $x \in \mathbb{R}^n$, $x = (x_1, x_2, \ldots, x_n)$ gelegentlich als *Spaltenvektoren*

$$x = \begin{pmatrix} x_1 \\ x_2 \\ \vdots \\ x_n \end{pmatrix} \tag{3.4}$$

betrachten. Je nach Kontext werden wir mal die eine und mal die andere Schreibweise von Punkten in $\mathbb{R}^n$ verwenden.

Definition 3.9 Seien $m, n \in \mathbb{N}$.

a) Ist durch (3.2) ein lineares Gleichungssystem mit m Gleichungen in n Variablen gegeben, so nennen wir die durch (3.3) gegebene Matrix $A \in M(m \times n)$ die *Koeffizientenmatrix* von (3.2).
b) Sind $x_1, \ldots, x_n \in \mathbb{R}$ so gegeben, dass sie eine Lösung von (3.2) bilden, so nennen wir den Spaltenvektor aus (3.4) einen *Lösungsvektor* von (3.2).
c) Für $x = (x_1, \ldots, x_n) \in \mathbb{R}^n$ und $A = (a_{ij}) \in M(m \times n)$ sei

$$A \cdot x \in \mathbb{R}^m, \qquad A \cdot x = \begin{pmatrix} \sum_{j=1}^n a_{1j} x_j \\ \sum_{j=1}^n a_{2j} x_j \\ \vdots \\ \sum_{j=1}^n a_{mj} x_j \end{pmatrix}$$

Man schreibt auch Ax statt $A \cdot x$.

Ist A die Koeffizientenmatrix von (3.2) und ist

$$b = \begin{pmatrix} b_1 \\ b_2 \\ \vdots \\ b_m \end{pmatrix},$$

so bilden $x_1, \ldots, x_n \in \mathbb{R}$ folglich genau dann eine Lösung von (3.2), wenn für $x = (x_1, x_2, \ldots, x_n)$ gilt, dass

$$\boxed{A \cdot x = b.}$$

Beispiel 3.10 In Motivation 3.1 sind die Koeffizientenmatrix von (3.1) und der entsprechende Spaltenvektor b gegeben durch

$$A = \begin{pmatrix} 4 & 2 & 5 \\ 3 & 5 & 7 \\ 5 & 1 & 3 \end{pmatrix} \in M(3 \times 3), \qquad b = \begin{pmatrix} 255 \\ 380 \\ 310 \end{pmatrix}.$$

Für Matrizen betrachten wir Rechenoperationen, die völlig analog zu denen auf $\mathbb{R}^n$ aus Definition 3.4 gegeben sind.

Definition 3.11 Seien $m, n \in \mathbb{N}$ und seien $A, B \in M(m \times n)$, wobei

$$A = \begin{pmatrix} a_{11} & a_{12} & \ldots & a_{1n} \\ a_{21} & a_{22} & \ldots & a_{2n} \\ \vdots & \vdots & \ddots & \vdots \\ a_{m1} & a_{m2} & \ldots & a_{mn} \end{pmatrix}, \qquad B = \begin{pmatrix} b_{11} & b_{12} & \ldots & b_{1n} \\ b_{21} & b_{22} & \ldots & b_{2n} \\ \vdots & \vdots & \ddots & \vdots \\ b_{m1} & b_{m2} & \ldots & b_{mn} \end{pmatrix}.$$

a) Die *Summe von A und B* ist gegeben durch

$$A + B \in M(m \times n), \qquad A + B = \begin{pmatrix} a_{11}+b_{11} & a_{12}+b_{12} & \ldots & a_{1n}+b_{1n} \\ a_{21}+b_{21} & a_{22}+a_{22} & \ldots & a_{2n}+b_{2n} \\ \vdots & \vdots & \ddots & \vdots \\ a_{m1}+b_{m1} & a_{m2}+b_{m2} & \ldots & a_{mn}+b_{mn} \end{pmatrix}.$$

b) Für jedes $\lambda \in \mathbb{R}$ betrachten wir

$$\lambda \cdot A \in M(m \times n), \qquad \lambda \cdot A = \begin{pmatrix} \lambda a_{11} & \lambda a_{12} & \ldots & \lambda a_{1n} \\ \lambda a_{21} & \lambda a_{22} & \ldots & \lambda a_{2n} \\ \vdots & \vdots & \ddots & \vdots \\ \lambda a_{m1} & \lambda a_{m2} & \ldots & \lambda a_{mn} \end{pmatrix}.$$

Bemerkung 3.12 Man beachte, dass die Summe von zwei Matrizen nur dann definiert ist, wenn die beiden Matrizen *gleich viele Zeilen und gleich viele Spalten* besitzen.

Beispiel 3.13 Seien $A, B \in M(2 \times 4)$ gegeben durch

$$A = \begin{pmatrix} 2 & 4 & 0 & 7 \\ -4 & -2 & 1 & 5 \end{pmatrix}, \qquad B = \begin{pmatrix} -3 & 1 & 2 & 0 \\ 0 & 3 & 4 & 5 \end{pmatrix}.$$

Dann ist

$$A + B = \begin{pmatrix} 2-3 & 4+1 & 0+2 & 7+0 \\ -4+0 & -2+3 & 1+4 & 5+5 \end{pmatrix} = \begin{pmatrix} -1 & 5 & 2 & 7 \\ -4 & 1 & 5 & 10 \end{pmatrix}$$

und

$$3 \cdot A = \begin{pmatrix} 3 \cdot 2 & 3 \cdot 4 & 3 \cdot 0 & 3 \cdot 7 \\ 3 \cdot (-4) & 3 \cdot (-2) & 3 \cdot 1 & 3 \cdot 5 \end{pmatrix} = \begin{pmatrix} 6 & 12 & 0 & 21 \\ -12 & -6 & 3 & 15 \end{pmatrix}.$$

Die folgenden Rechenregeln lassen sich leicht überprüfen, indem man die Rechenregeln der reellen Zahlen in den Einträgen der beteiligten Matrizen anwendet.

Rechenregeln 3.14 (Regeln der Matrixrechnung). Seien $m, n \in \mathbb{N}$, seien $A, B, C \in M(m \times n)$ und seien $\lambda, \mu \in \mathbb{R}$. Dann gilt:

(i) $(A + B) + C = A + (B + C)$,
(ii) $A + B = B + A$,
(iii) $(\lambda + \mu) \cdot A = \lambda \cdot A + \mu \cdot A$,
(iv) $\lambda \cdot (\mu \cdot A) = (\lambda \mu) \cdot A$,
(v) $\lambda \cdot (A + B) = \lambda \cdot A + \lambda \cdot B$.

Wir werden im Folgenden auch eine Multiplikation von Matrizen definieren. Diese sieht auf den ersten Blick etwas mysteriös aus, weshalb wir sie zunächst anhand eines Beispiels motivieren wollen.

Motivation 3.15 Wir nehmen an, dass ein Betrieb aus vier unterschiedlichen Rohstoffen R_1, R_2, R_3 und R_4 in einem ersten Arbeitsgang drei unterschiedliche Produkte Z_1, Z_2 und Z_3 herstellt, wobei die benötigten Einheiten der Rohstoffe pro Produkteinheit in folgender Tabelle angegeben sind:

	R_1	R_2	R_3	R_4
Z_1	2	5	2	0
Z_2	0	3	2	8
Z_3	4	5	4	6

In einem zweiten Arbeitsgang werden die erhaltenen Mengen von Z_1, Z_2 und Z_3 weiterverarbeitet und aus ihnen werden schließlich zwei Endprodukte E_1

und E_2 hergestellt. Die Anzahlen der benötigten Einheiten von Z_1, Z_2 und Z_2 für eine Einheit von E_1 bzw. von E_2 sind in folgender Tabelle angegeben:

	Z_1	Z_2	Z_3
E_1	10	8	6
E_2	7	9	10

Für die Planung möchte der Betrieb nun die Zwischenprodukte Z_1, Z_2 und Z_3 aus der Rechnung raushalten und stellt sich daher die folgende Frage: Wieviele Einheiten von R_1, R_2, R_3 und R_4 werden jeweils benötigt, um eine Einheit von E_1 und E_2 herzustellen?

Es bezeichnen r_1, r_2, r_3, r_4 die Mengen der Einheiten von R_1, R_2, R_3, R_4, sowie z_1, z_2, z_3 die Mengen der Einheiten von Z_1, Z_2, Z_3 und e_1, e_2 die Menge der Einheiten von E_1 und E_2. Die erste Tabelle besagt dann, dass

$$\begin{aligned} 2r_1 + 5r_2 + 2r_3 &= z_1, \\ 3r_2 + 2r_3 + 8r_4 &= z_2, \\ 4r_1 + 5r_2 + 4r_3 + 6r_4 &= z_3, \end{aligned} \qquad (3.5)$$

während die zweite Tabelle ergibt, dass

$$\begin{aligned} 10z_1 + 8z_2 + 6z_3 &= e_1, \\ 7z_1 + 9z_2 + 10z_3 &= e_2. \end{aligned}$$

Um die obige Frage zu beantworten, müssen wir zeigen, wie sich e_1 und e_2 aus den r_i berechnen lassen. Dies erhält man offensichtlich, indem man die in (3.5) für z_1, z_2 und z_3 erhaltenen Gleichungen in die unteren beiden einsetzt. Insgesamt ergibt sich also

$$\begin{aligned} 10(2r_1 + 5r_2 + 2r_3) + 8(3r_2 + 2r_3 + 8r_4) + 6(4r_1 + 5r_2 + 4r_3 + 6r_4) &= e_1, \\ 7(2r_1 + 5r_2 + 2r_3) + 9(3r_2 + 2r_3 + 8r_4) + 10(4r_1 + 5r_2 + 4r_3 + 6r_4) &= e_2. \end{aligned}$$

Durch Ausmultiplizieren der Klammern und Zusammenfassen der Terme leiten wir daraus her, dass

$$\begin{aligned} 34r_1 + 104r_2 + 50r_3 + 100r_4 &= e_1, \\ 54r_1 + 112r_2 + 72r_3 + 132r_4 &= e_2. \end{aligned}$$

Um eine Einheit von E_1 zu produzieren, brauchen wir also 34 Einheiten von R_1, 104 Einheiten von R_2, 50 Einheiten von R_3 und 100 Einheiten von R_4 und analog für E_2.

Für Probleme wie in Motivation 3.15, bei denen die Ergebnisse eines linearen Gleichungssystem in ein anderes lineares Gleichungssystem eingesetzt werden, wollen wir einen allgemeinen Formalismus herleiten. Wir werden gleich sehen, dass dies auf einen exzessiven Gebrauch von Summenzeichen hinausläuft, bei dem Doppelsummen leider unvermeidlich sind.

Seien $\ell, m, n \in \mathbb{N}$, $A \in M(\ell \times m)$ und $B \in M(m \times n)$. Sind $A = (a_{ij})$ und $B = (b_{ij})$ und ist $r = (r_1, r_2, \ldots, r_\ell) \in \mathbb{R}^\ell$, so sind die linearen Gleichungssysteme

$$A \cdot y = r \quad \text{und} \quad B \cdot x = y$$

für $x = (x_1, x_2, \ldots, x_n)$ und $y = (y_1, y_2, \ldots, y_m)$ explizit gegeben durch

$$\sum_{k=1}^{m} a_{ik} y_k = r_i \quad \text{für alle } i \in \{1, 2, \ldots, \ell\}, \tag{3.6}$$

$$\sum_{j=1}^{n} b_{kj} x_j = y_k \quad \text{für alle } k \in \{1, 2, \ldots, m\}. \tag{3.7}$$

Man beachte hierbei, dass diese Gleichungen das Problem aus Motivation 3.15 verallgemeinern. Wir setzen nun die Gl. (3.7) in die Gl. (3.6) ein. Mit den Rechenregeln für Summenzeichen und Doppelsummen erhalten wir dann für jedes $i \in \{1, 2, \ldots, \ell\}$, dass

$$r_i = \sum_{k=1}^{m} a_{ik} \Big(\sum_{j=1}^{n} b_{kj} x_j \Big) \stackrel{(*)}{=} \sum_{k=1}^{m} \Big(\sum_{j=1}^{n} a_{ik} b_{kj} x_j \Big) \stackrel{\text{Rechenregel 1.28}}{=} \sum_{j=1}^{n} \Big(\sum_{k=1}^{m} a_{ik} b_{kj} x_j \Big)$$

$$\stackrel{(*)}{=} \sum_{j=1}^{n} \Big(\sum_{k=1}^{m} a_{ik} b_{kj} \Big) x_j,$$

wobei wir an den mit $(*)$ markierten Stellen die Rechenregel 1.22.(ii) verwendet haben. Wir haben also hergeleitet, dass

$$\sum_{j=1}^{n} \Big(\sum_{k=1}^{m} a_{ik} b_{kj} \Big) x_j = r_i \quad \text{für alle } i \in \{1, 2, \ldots, \ell\}.$$

Dies ist wieder ein lineares Gleichungssystem, das uns den Ansatz für unsere Multiplikation von Matrizen liefert: wir werden $A \cdot B$ als Koeffizientenmatrix dieses erhaltenen Systems definieren.

Definition 3.16 Seien $\ell, m, n \in \mathbb{N}$, $A \in M(\ell \times m)$ und $B \in M(m \times n)$, wobei $A = (a_{ij})$ und $B = (b_{ij})$. Wir definieren *das Matrixprodukt von A und B* durch

$$A \cdot B \in M(\ell \times n), \quad A \cdot B = \begin{pmatrix} \sum_{k=1}^{m} a_{1k}b_{k1} & \sum_{k=1}^{m} a_{1k}b_{k2} & \cdots & \sum_{k=1}^{m} a_{1k}b_{kn} \\ \sum_{k=1}^{m} a_{2k}b_{k1} & \sum_{k=1}^{m} a_{2k}b_{k2} & \cdots & \sum_{k=1}^{m} a_{2k}b_{kn} \\ \vdots & \vdots & \ddots & \vdots \\ \sum_{k=1}^{m} a_{mk}b_{k1} & \sum_{k=1}^{m} a_{mk}b_{k2} & \cdots & \sum_{k=1}^{m} a_{mk}b_{kn} \end{pmatrix}$$
$$= \left(\sum_{k=1}^{m} a_{ik}b_{kj} \right).$$

Mit den Rechnungen, die wir oben gemacht haben, haben wir die folgende Aussage bereits nachgewiesen.

Satz 3.17 *Seien $\ell, m, n \in \mathbb{N}$, $A \in M(\ell \times m)$, $B \in M(m \times n)$ und $x \in \mathbb{R}^n$. Dann gilt*

$$A \cdot (B \cdot x) = (A \cdot B) \cdot x.$$

Aus der Definition von $A \cdot B$ können wir ein Schema ablesen, mit dem wir Matrixprodukte ausrechnen können. Den (i, j)-Eintrag von $A \cdot B$, d. h. die Zahl, die in der i-ten Zeile und in der j-ten Spalte der Matrix $A \cdot B$ steht, erhalten wir, indem wir die Einträge der i-ten Zeile von A der Reihe nach mit den entsprechenden Elementen der j-ten Spalte (das erste mit dem ersten, das zweite mit dem zweiten, …) multiplizieren und die Ergebnisse aufaddieren. Dies wollen wir uns am Beispiel anschauen.

Beispiel 3.18 Wir betrachten die Matrizen $A \in M(3 \times 3)$ und $B \in M(3 \times 2)$, die gegeben sind durch

$$A = \begin{pmatrix} 2 & 1 & -3 \\ 1 & 0 & 5 \\ 3 & -1 & 4 \end{pmatrix}, \quad B = \begin{pmatrix} 1 & -1 \\ 4 & 2 \\ 7 & -2 \end{pmatrix}.$$

Wir berechnen $A \cdot B \in M(3 \times 2, \mathbb{R})$ nach dem gerade erläuterten Schema auf folgende Weise:

$$\begin{array}{c} \phantom{\begin{pmatrix}2\end{pmatrix}} \begin{array}{cc} 1 & -1 \\ 4 & 2 \\ 7 & -2 \end{array} \\ \begin{pmatrix} 2 & 1 & -3 \\ 1 & 0 & 5 \\ 3 & -1 & 4 \end{pmatrix} \begin{pmatrix} 2 \cdot 1 + 1 \cdot 4 - 3 \cdot 7 & 2 \cdot (-1) + 1 \cdot 2 + (-3) \cdot (-2) \\ 1 \cdot 1 + 0 \cdot 4 + 5 \cdot 7 & 1 \cdot (-1) + 0 \cdot 2 + 5 \cdot (-2) \\ 3 \cdot 1 - 1 \cdot 4 + 4 \cdot 7 & 3 \cdot (-1) - 1 \cdot 2 + 4 \cdot (-2) \end{pmatrix} = \begin{pmatrix} -15 & 6 \\ 36 & -11 \\ 27 & -13 \end{pmatrix}. \end{array}$$

Also ist $A \cdot B = \begin{pmatrix} -15 & 6 \\ 36 & -11 \\ 27 & -13 \end{pmatrix}$.

Bemerkung 3.19 Die folgenden Anmerkungen sind zwei wichtige **Warnhinweise** beim Umgang mit Matrixprodukten.

(1) Man beachte, dass das Matrixprodukt $A \cdot B$ nur dann definiert ist, wenn *die Anzahl der Spalten von A mit der Anzahl der Zeilen von B übereinstimmt*.
(2) Die Multiplikation von Matrizen ist *nicht kommutativ*, d. h. im Allgemeinen ist
$$A \cdot B \neq B \cdot A,$$
selbst wenn beide Produkte definiert sind, was nach (1) nicht für beide der Fall sein muss. So ist etwa für die Matrizen aus Beispiel 3.18 das Produkt $B \cdot A$ nicht definiert, da B zwei Spalten hat, A jedoch drei Zeilen.

Beispiel 3.20 Wir wollen Bemerkung 3.19.(2) an einem Beispiel verdeutlichen. Seien $A, B \in M(2 \times 2)$ gegeben durch $A = \begin{pmatrix} 1 & 2 \\ 3 & 4 \end{pmatrix}$ und $B = \begin{pmatrix} 0 & 1 \\ 2 & 1 \end{pmatrix}$. Dann ist sowohl $A \cdot B$ als auch $B \cdot A$ definiert, wir erhalten jedoch nach dem obigen Rechenschema, dass

$$A \cdot B = \begin{pmatrix} 1 & 2 \\ 3 & 4 \end{pmatrix} \cdot \begin{pmatrix} 0 & 1 \\ 2 & 1 \end{pmatrix} = \begin{pmatrix} 1 \cdot 0 + 2 \cdot 2 & 1 \cdot 1 + 2 \cdot 1 \\ 3 \cdot 0 + 4 \cdot 2 & 3 \cdot 1 + 4 \cdot 1 \end{pmatrix} = \begin{pmatrix} 4 & 3 \\ 8 & 7 \end{pmatrix},$$

$$B \cdot A = \begin{pmatrix} 0 & 1 \\ 2 & 1 \end{pmatrix} \cdot \begin{pmatrix} 1 & 2 \\ 3 & 4 \end{pmatrix} = \begin{pmatrix} 0 \cdot 1 + 1 \cdot 3 & 0 \cdot 2 + 1 \cdot 4 \\ 2 \cdot 1 + 1 \cdot 3 & 2 \cdot 2 + 1 \cdot 4 \end{pmatrix} = \begin{pmatrix} 3 & 4 \\ 5 & 8 \end{pmatrix}$$

Damit ist für diese Matrizen gezeigt, dass $A \cdot B \neq B \cdot A$.

Die folgenden Eigenschaften des Matrixprodukts lassen sich explizit anhand seiner Definition nachrechnen.

Rechenregeln 3.21 (Regeln des Matrixprodukts). Seien $\ell, m, n, p \in \mathbb{N}$ und seien $A, A_1, A_2 \in M(\ell \times m)$, $B, B_1, B_2 \in M(m \times n)$ und $C \in M(n \times p)$. Dann gilt:

(i) $(A \cdot B) \cdot C = A \cdot (B \cdot C)$,
(ii) $A \cdot (B_1 + B_2) = A \cdot B_1 + A \cdot B_2$,
(iii) $(A_1 + A_2) \cdot B = A_1 \cdot B + A_2 \cdot B$,
(iv) $A \cdot I_m = I_\ell \cdot A = A$, wobei $I_m \in M(m \times m)$ und $I_\ell \in M(\ell \times \ell)$ wieder die Einheitsmatrizen aus Beispiel 3.7.(2) bezeichnen.

3.2 Lösungsmengen linearer Gleichungssysteme

Nachdem wir nun einen hilfreichen Formalismus für lineare Gleichungssysteme eingeführt haben, wollen wir uns in diesem Abschnitt vor allem mit ihren *Lösungsmengen* beschäftigen. Bevor wir explizite Lösungsmethoden betrachten, wollen wir uns die *Struktur* solcher Lösungsmengen ansehen und dabei einige nützliche Eigenschaften kennenlernen.

Im Folgenden schreiben wir $0 = 0_{m \times n}$ für die jeweilige Nullmatrix, wenn klar ist, auf welches m und welches n wir uns beziehen.

Definition 3.22 Seien $m, n \in \mathbb{N}$, $A \in M(m \times n)$ und $b \in M(m \times 1)$.

a) Ein lineares Gleichungssystem der Form
$$A \cdot x = 0$$
nennen wir *homogen.*

b) Ist $b \neq 0$, so nennen wir das lineare Gleichungssystem
$$A \cdot x = b$$
inhomogen.

c) Es bezeichne
$$\mathscr{L}_{A,b} = \{x \in \mathbb{R}^n \mid A \cdot x = b\}$$
die Lösungsmenge des Systems $Ax = b$, welche in diesem Fall auch *Lösungsraum* genannt wird.

Die Lösungsmengen *homogener* linearer Gleichungssysteme haben eine besondere Struktur, die in folgendem Satz untersucht wird.

Satz 3.23 *Seien $m, n \in \mathbb{N}$ und sei $A \in M(m \times n)$ und betrachte das homogene lineare Gleichungssystem*
$$A \cdot x = 0.$$

a) *Es ist* $0 = (0, 0, \ldots, 0) \in \mathscr{L}_{A,0}$.
b) *Sind* $x, y \in \mathscr{L}_{A,0}$, *so ist auch* $x + y \in \mathscr{L}_{A,0}$.
c) *Ist* $x \in \mathscr{L}_{A,0}$, *so ist auch* $\lambda x \in \mathscr{L}_{A,0}$ *für jedes* $\lambda \in \mathbb{R}$.

Beweis

a) Dies ist offensichtlich, wenn man das System in der Form (3.2) betrachtet.
b) Da nach Voraussetzung $A \cdot x = 0$ und $A \cdot y = 0$, folgt aus Rechenregel 3.21.(ii), dass

$$A \cdot (x + y) = A \cdot x + A \cdot y = 0 + 0 = 0,$$

sodass $x + y \in \mathscr{L}_{A,0}$.
c) Man rechnet aus den Definitionen der Multiplikationen leicht nach, dass $A \cdot (\lambda x) = \lambda \cdot Ax$ für jedes $\lambda \in \mathbb{R}$ erfüllt ist. Also folgt aus $Ax = 0$, dass $A \cdot (\lambda x) = \lambda \cdot 0 = 0$, sodass $\lambda x \in \mathscr{L}_{A,0}$.

□

Mengen mit den in Satz 3.23 behandelten Eigenschaften spielen eine wichtige Rolle in der linearen Algebra, sodass wir diese kurz mit einem neuen Begriff einführen wollen.

Definition 3.24 Sei $n \in \mathbb{N}$. Eine Teilmenge $U \subset \mathbb{R}^n$ ist ein *Untervektorraum* von $\mathbb{R}^n$, wenn die folgenden Eigenschaften erfüllt sind:

(i) $(0, 0, \ldots, 0) \in U$.
(ii) Für alle $x, y \in U$ gilt $x + y \in U$.
(iii) Für alle $x \in U$ und $\lambda \in \mathbb{R}$ gilt $\lambda x \in U$.

In Satz 3.23 haben wir mit anderen Worten also gezeigt, dass die Lösungsmenge $\mathscr{L}_{A,0}$ eines homogenen linearen Gleichungssystem ein Untervektorraum von $\mathbb{R}^n$ ist.

Bemerkung 3.25

(1) Nach Satz 3.23.a) besitzt jedes homogene lineare Gleichungssystem die Lösung 0. Es gibt jedoch homogene lineare Gleichungssysteme, für die $\mathscr{L}_{A,0} = \{0\}$ gilt, *für die $x = 0$ also die einzige Lösung ist.* Betrachten wir etwa das homogene lineare Gleichungssystem in zwei Variablen

$$x_1 + x_2 = 0,$$
$$x_1 - x_2 = 0,$$

so folgt aus der Addition der beiden Gleichungen, dass $2x_1 = 0$, was wiederum nur für $x_1 = 0$ erfüllt ist. Dann erhalten wir aus der ersten Gleichung jedoch unmittelbar, dass $x_2 = 0$. Also ist $(0, 0)$ die einzige Lösung des Systems.

(2) Aus Satz 3.23 folgt, dass *jedes homogene lineare Gleichungssystem, das eine Lösung x besitzt, für die $x \neq 0$ gilt, unendlich viele Lösungen hat.* Ist nämlich x eine solche Lösung, so ist λx eine Lösung für jedes $\lambda \in \mathbb{R}$ und es ist klar, dass $\lambda_1 x \neq \lambda_2 x$, wenn $\lambda_1 \neq \lambda_2$ gilt. Damit muss es unendlich viele Lösungen geben.

Zusammenfassend können wir aus Bemerkung 3.25 folgern: ein homogenes lineares Gleichungssystem besitzt

- entweder nur die Lösung $x = 0$
- oder unendlich viele Lösungen.

Wir werden die Lösungsmengen homogener linearer Gleichungssysteme noch genauer untersuchen. Zuvor schauen wir uns jedoch die Lösungsmengen *inhomogener* linearer Gleichungssysteme an.

Satz 3.26 *Seien $m, n \in \mathbb{N}$, sei $A \in M(m \times n)$ und sei $b \in \mathbb{R}^m$. Ist $x_0 \in \mathbb{R}^n$ ein Lösungsvektor von*

$$A \cdot x = b,$$

so gilt

$$\mathscr{L}_{A,b} = \{x_0 + y \in \mathbb{R}^n \mid y \in \mathscr{L}_{A,0}\}.$$

Beweis Ist $y \in \mathscr{L}_{A,0}$, so ist nach den Regeln der Matrixrechnung

$$A \cdot (x_0 + y) = A \cdot x_0 + A \cdot y = b + 0 = b.$$

Also ist auch $x_0 + y \in \mathscr{L}_{A,b}$. Es bleibt nun zu zeigen, dass *jedes* Element aus $\mathscr{L}_{A,b}$ von dieser Form ist. Sei dazu $x \in \mathscr{L}_{A,b}$ beliebig gewählt. Für $x - x_0 \in \mathbb{R}^n$ gilt dann nach den Regeln der Matrixrechnung, dass

$$A \cdot (x - x_0) = A \cdot x - A \cdot x_0 = b - b = 0,$$

sodass $x - x_0 \in \mathscr{L}_{A,0}$. Bezeichnen wir dieses Element mit $y = x - x_0$, so ist folglich $y \in \mathscr{L}_{A,0}$ und

$$x = x_0 + (x - x_0) = x_0 + y.$$

Damit ist *jedes* $x \in \mathscr{L}_{A,b}$ von der gewünschten Form, was wir zeigen wollten. □

Bemerkung 3.27

(1) Ist $Ax = b$ ein inhomogenes lineares Gleichungssystem, so können wir nach Satz 3.26 *alle* Lösungen des Systems bestimmen, indem wir *eine* Lösung finden sowie *alle* Lösungen des zugehörigen homogenen Systems $Ax = 0$ bestimmen. Eine einzelne Lösung von $Ax = b$ lässt sich zum Beispiel oft dadurch finden, dass man annimmt, dass

$$x = (x_1, 0, \ldots, 0)$$

ist und schaut, für welchen Wert von $x_1 \in \mathbb{R}$ wir durch direktes Nachrechnen eine Lösung erhalten. Analog könnte man auch von einem Punkt von einer der Formen

$$(0, x_2, 0, \ldots, 0), \ (0, 0, x_3, \ldots, 0), \ \ldots, \ (0, \ldots, 0, x_n)$$

ausgehen und versuchen, das System in diesem Fall zu lösen.

(2) Man beachte, dass man in Satz 3.26 davon ausgeht, dass ein Lösungsvektor $x_0 \in \mathbb{R}^n$ gegeben ist. Es gibt jedoch auch inhomogene lineare Gleichungssysteme, die *keine* Lösung besitzen. Betrachten wir etwa das System

$$2x_1 + x_2 = 1,$$
$$2x_1 + x_2 = 2,$$

so ist klar, dass beide Gleichungen nicht gleichzeitig erfüllt sein können. Also hat das System keine Lösung, sein Lösungsraum ist die leere Menge $\emptyset$.

Mithilfe von Satz 3.26 und Bemerkung 3.27.(2) überlegen wir uns, dass ein inhomogenes lineares Gleichungssystem

- entweder gar keine Lösung
- oder genau eine Lösung
- oder unendlich viele Lösungen

hat. Hierbei entspricht der zweite Fall der Situation, dass $\mathscr{L}_{A,0} = \{0\}$, und der dritte der Situation, dass $\mathscr{L}_{A,0}$ unendlich viele Elemente hat. Beispiele für diese Fälle werden wir später noch betrachten.

Bevor wir Beispiele betrachten und explizite Lösungsmethoden besprechen, wollen wir die Lösungsmengen linearer Gleichungssysteme im Fall unendlich vieler Lösungen noch genauer betrachten. Im homogenen Fall haben wir bereits gesehen, dass aus Lösungen des Systems neue Lösungen entstehen, wenn wir uns bekannte Lösungen addieren oder mit Skalaren multiplizieren. Hieraus lässt sich eine etwas allgemeinere Aussage herleiten, für die wir zunächst einen neuen Begriff benötigen.

Definition 3.28 Seien $k, n \in \mathbb{N}$ und seien $v_1, v_2, \ldots, v_k \in \mathbb{R}^n$. Sind $\lambda_1, \ldots, \lambda_k \in \mathbb{R}$, so nennen wir

$$\lambda_1 v_1 + \lambda_2 v_2 + \cdots + \lambda_k v_k = \sum_{i=1}^{k} \lambda_i v_i$$

eine *Linearkombination von* $v_1, v_2, \ldots, v_k$.

Beispiel 3.29

(1) Seien $v_1, v_2 \in \mathbb{R}^3$ gegeben durch $v_1 = (1, 2, 0)$ und $v_2 = (1, 1, 1)$. Dann ist $(1, 4, -2)$ eine Linearkombination von v_1 und v_2, denn es gilt

$$(1, 4, -2) = (3, 6, 0) - (2, 2, 2) = 3 \cdot (1, 2, 0) - 2 \cdot (1, 1, 1) = 3v_1 - 2v_2.$$

In der Notation von Definition 3.28 sind hier also $\lambda_1 = 3$ und $\lambda_2 = -2$.

(2) Sei $n \in \mathbb{N}$ beliebig und betrachte die Vektoren $e_1, e_2, \ldots, e_n \in \mathbb{R}^n$, die gegeben sind durch

$$e_1 = (1, 0, 0, \ldots, 0), \quad e_2 = (0, 1, 0, \ldots, 0), \quad \ldots, \quad e_n = (0, 0, 0, \ldots, 1).$$

Für jedes $i \in \{1, 2, \ldots, n\}$ nennen wir e_i dann den *i-ten Einheitsvektor von* $\mathbb{R}^n$.

Jedes $(x_1, x_2, \ldots, x_n) \in \mathbb{R}^n$ ist eine Linearkombination von $e_1, e_2, \ldots,$ e_n. Es gilt nämlich:

$$\begin{aligned}(x_1, x_2, \ldots, x_n) &= (x_1, 0, 0, \ldots, 0) + (0, x_2, 0, \ldots, 0) + \cdots + (0, 0, 0, \ldots, x_n) \\ &= x_1 \cdot (1, 0, 0, \ldots, 0) + x_2 \cdot (0, 1, 0, \ldots, 0) + \cdots + x_n \cdot (0, 0, 0, \ldots, 1) \\ &= x_1 e_1 + x_2 e_2 + \cdots + x_n e_n = \sum_{i=1}^{n} x_i e_i.\end{aligned}$$

Bemerkung 3.30 Sei $n \in \mathbb{N}$ und sei $U \subset \mathbb{R}^n$ ein Untervektorraum. Durch mehrfache Anwendung der Eigenschaften (ii) und (iii) aus Definition 3.24 lässt sich zeigen, dass *jede Linearkombination von Elementen von U wieder in U liegt,* dass also für alle $v_1, \ldots, v_k \in U$ und alle $\lambda_1, \ldots, \lambda_k \in \mathbb{R}$ gilt, dass

$$\lambda_1 v_1 + \lambda_2 v_2 + \cdots + \lambda_k v_k \in U.$$

Insbesondere gilt also für homogene lineare Gleichungssysteme, dass jede Linearkombination von Lösungen des Systems wieder eine Lösung ergibt.

Mit Bemerkung 3.30 im Hinterkopf stellt sich die Frage, ob wir eine Menge von „Grundlösungen" eines homogenen linearen Gleichungssystems finden können, um *alle* Lösungen des Systems als Linearkombinationen dieser Grundlösungen zu erhalten. Wenn ja, wie viele solcher Grundlösungen brauchen wir mindestens?

Definition 3.31 Seien $k, n \in \mathbb{N}$ und seien $v_1, v_2, \ldots, v_k \in \mathbb{R}^n$.

a) Die Menge $\{v_1, v_2 \ldots, v_k\} \subset \mathbb{R}^n$ heißt *linear unabhängig,* wenn Folgendes gilt: Sind $\lambda_1, \lambda_2, \ldots, \lambda_k \in \mathbb{R}$ so gegeben, dass

$$\sum_{i=1}^{k} \lambda_i v_i = 0,$$

so folgt, dass $\lambda_1 = 0, \lambda_2 = 0, \ldots, \lambda_k = 0$.

b) Die Menge $\{v_1, v_2, \ldots, v_k\}$ heißt *linear abhängig,* wenn sie nicht linear unabhängig ist.

Bemerkung 3.32 Die Definition der linearen Unabhängigkeit sieht auf den ersten Blick etwas mysteriös aus. Tatsächlich lässt sich zeigen, dass die lineare Unabhängigkeit von $\{v_1, v_2 \ldots, v_k\}$ bedeutet, dass wir für *kein i* den Vektor

v_i als Linearkombination von $v_1, \ldots, v_{i-1}, v_{i+1}, \ldots, v_k$ darstellen können. Intuitiv bedeutet dies, dass wir auf keines der v_i „verzichten können": es gibt Vektoren, die sich als Linearkombinationen von $v_1, \ldots, v_k$, aber *nicht* als Linearkombinationen von $v_1, \ldots, v_{i-1}, v_{i+1}, \ldots, v_k$ darstellen lassen.

Beispiel 3.33

(1) Seien $v_1, v_2 \in \mathbb{R}^2$ gegeben durch $v_1 = (1, 2)$ und $v_2 = (3, 0)$. Dann ist $\{v_1, v_2\}$ linear unabhängig: sind nämlich $\lambda_1, \lambda_2 \in \mathbb{R}$ so gewählt, dass $\lambda_1 v_1 + \lambda_2 v_2 = 0$, so erhalten wir, dass

$$(0, 0) = \lambda_1(1, 2) + \lambda_2(3, 0) = (\lambda_1, 2\lambda_1) + (3\lambda_2, 0) = (\lambda_1 + 3\lambda_2, 2\lambda_1).$$

Hieraus folgt, dass

$$\lambda_1 + 3\lambda_2 = 0 \quad \wedge \quad 2\lambda_1 = 0.$$

Aus der zweiten Gleichung folgt sofort, dass $\lambda_1 = 0$. Setzen wir dies in die erste Gleichung ein, so erhalten wir, dass $3\lambda_2 = 0$, was nur für $\lambda_2 = 0$ erfüllt ist. Dies zeigt die lineare Unabhängigkeit.

(2) Seien $w_1, w_2 \in \mathbb{R}^2$ gegeben durch $w_1 = (2, 0)$, $w_2 = (3, 0)$. Dann ist $\{w_1, w_2\}$ linear abhängig: man sieht leicht, dass

$$3w_1 = 3 \cdot (2, 0) = (6, 0) = 2 \cdot (3, 0) = 2w_2.$$

Daraus folgt, dass $3w_1 - 2w_2 = 0$, womit $\{w_1, w_2\}$ linear abhängig ist. In der Notation von Definition 3.31 ist hier $\lambda_1 = 3$ und $\lambda_2 = -2$.

(3) Sei $n \in \mathbb{N}$ und seien $e_1, e_2, \ldots, e_n \in \mathbb{R}^n$ die Einheitsvektoren aus Beispiel 3.29.(2). Dann ist $\{e_1, e_2, \ldots, e_n\}$ linear unabhängig: gilt nämlich für $\lambda_1, \ldots, \lambda_n \in \mathbb{R}$, dass $\sum_{i=1}^n \lambda_i e_i = 0$, so gilt nach Definition der e_i, dass

$$0 = (0, 0, \ldots, 0) = \lambda_1(1, 0, \ldots, 0) + \lambda_2(0, 1, \ldots, 0) + \cdots + \lambda_n$$
$$(0, 0, \ldots, 1) = (\lambda_1, \lambda_2, \ldots, \lambda_n).$$

Hieraus folgt unmittelbar, dass $\lambda_1 = 0$, $\lambda_2 = 0$, ..., $\lambda_n = 0$, also die lineare Unabhängigkeit.

Wir wollen nun einen besonderen Typ linear unabhängiger Vektoren einführen, dessen Nutzen bei der Betrachtung von Lösungsräumen noch deutlich werden wird.

Definition 3.34 Sei $n \in \mathbb{N}$ und sei $U \subset \mathbb{R}^n$ ein Untervektorraum mit $U \neq \{0\}$.

a) Eine Menge von Vektoren $\{v_1, v_2, \ldots, v_k\} \subset U$ heißt *Basis von U*, wenn gilt:

   (i) Jeder Vektor in U ist als Linearkombination von $v_1, v_2, \ldots, v_k$ darstellbar, d. h., zu jedem $v \in U$ gibt es $\lambda_1, \lambda_2, \ldots, \lambda_k \in \mathbb{R}$, sodass
   $$v = \sum_{i=1}^{k} \lambda_i v_i.$$

   (ii) Die Menge $\{v_1, v_2, \ldots, v_k\}$ ist linear unabhängig.

b) Die Anzahl der Elemente einer Basis von U heißt die *Dimension von U* und wird mit
   $$\dim U$$
   bezeichnet. Die Dimension des Untervektorraums $\{0\}$ legen wir zusätzlich als $\dim\{0\} = 0$ fest.

Der folgende Satz fasst einige Fakten über Basen von Untervektorräumen zusammen, die sich mit fortgeschrittenen Methoden der linearen Algebra zeigen lassen.

Satz 3.35 *Sei $n \in \mathbb{N}$ und sei $U \subset \mathbb{R}^n$ ein Untervektorraum. Dann gilt:*

a) *U besitzt eine Basis und je zwei Basen von U haben dieselbe Anzahl an Elementen. (Die Definition von $\dim U$ ist also eindeutig.)*
b) *Es ist $\dim U \leq n$.*
c) *Sei $k = \dim U$. Sind $v_1, v_2, \ldots, v_k \in U$ und ist $\{v_1, v_2, \ldots, v_k\}$ linear unabhängig, so ist $\{v_1, v_2, \ldots, v_k\}$ eine Basis von U.*

Bemerkung 3.36 Wir können Satz 3.35.c) mit anderen Worten wie folgt formulieren: kennen wir die Dimension k eines Untervektorraums U, so genügt es, k linear unabhängige Vektoren in U zu finden, um eine Basis zu erhalten. Die Bedingung (i) aus Definition 3.34.a), dass jeder Vektor in U als Linearkombination der Vektoren geschrieben werden kann, muss dann also nicht mehr überprüft werden.

Beispiel 3.37

(1) Sei $n \in \mathbb{N}$. Wir betrachten $\mathbb{R}^n$ als Untervektorraum von sich selbst. Dann bilden die Einheitsvektoren $\{e_1, e_2, \ldots, e_n\}$ eine Basis von $\mathbb{R}^n$:
In Beispiel 3.29.(2) haben wir schon gezeigt, dass Bedingung (i) aus Definition 3.34.a) erfüllt ist und in Beispiel 3.33.(3) wurde gezeigt, dass Bedingung (ii) erfüllt ist. $\{e_1, e_2, \ldots, e_n\}$ wird auch die *Standardbasis* oder *kanonische Basis* von $\mathbb{R}^n$ genannt. Da diese n Elemente hat, folgt die wenig überraschende Tatsache, dass

$$\dim \mathbb{R}^n = n.$$

(2) Betrachte $\{(1, 2), (3, 0)\} \subset \mathbb{R}^2$. In Beispiel 3.33.(1) haben wir bereits gesehen, dass die Menge linear unabhängig ist. Da nach (1) gilt, dass $\dim \mathbb{R}^2 = 2$, folgt daraus mit Satz 3.35.c), dass $\{(1, 2), (3, 0)\}$ eine Basis von $\mathbb{R}^2$ ist.

Wir hatten uns vor den Betrachtungen zu Basen und Dimensionen gefragt, ob es Grundlösungen homogener linearer Gleichungssysteme gibt, aus denen wir alle Lösungen linear kombinieren können und wenn ja, wieviele davon wir benötigen. Mit dem Matrixformalismus und den neuen Begriffen aus diesem Abschnitt können wir diese Frage nach der Anzahl der Grundlösungen wie folgt umformulieren.

Sei $A \in M(m \times n)$. Wie groß ist $\dim \mathscr{L}_{A,0}$ und wie finden wir eine Basis von $\mathscr{L}_{A,0}$?

Um diese Frage zu beantworten, müssen wir zunächst gewisse Umformungen von Matrizen einführen.

Definition 3.38 Seien $m, n \in \mathbb{N}$. Eine Abbildung $F: M(m \times n) \to M(m \times n)$ heißt *elementare Zeilenumformung*, wenn sie von einem der folgenden drei Typen ist:

(i) Für $i, j \in \{1, 2, \ldots, m\}$ sei

$$T_{i,j}: M(m \times n) \to M(m \times n)$$

so gegeben, dass $T_{i,j}(A)$ die Matrix ist, die die i-te und die j-te Zeile von A miteinander vertauscht und alle anderen Zeilen unverändert lässt.

(ii) Für $i \in \{1, 2, \ldots, m\}$ und $\lambda \in \mathbb{R}$ mit $\lambda \neq 0$ sei

$$M_i^\lambda : M(m \times n) \to M(m \times n)$$

so gegeben, dass $M_i^\lambda(A)$ die Matrix ist, in der alle Einträge der i-ten Zeile mit λ multipliziert werden und in der alle anderen Zeilen unverändert bleiben.

(iii) Für $i, j \in \{1, 2, \ldots, m\}$ und $\lambda \in \mathbb{R}$ sei

$$S_{i,j}^\lambda : M(m \times n) \to M(m \times n)$$

so gegeben, dass $S_{i,j}^\lambda(A)$ die Matrix ist, in der das λ-fache der i-ten Zeile zur j-ten Zeile addiert wurde und alle anderen Zeilen unverändert bleiben. Ist also $A = (a_{ij})$, so ist die j-te Zeile von $S_{i,j}^\lambda(A)$ gegeben durch

$$\begin{pmatrix} a_{j1} + \lambda a_{i1} & a_{j2} + \lambda a_{i2} & \ldots & a_{jn} + \lambda a_{in} \end{pmatrix},$$

während alle anderen Zeilen mit den entsprechenden Zeilen von A übereinstimmen.

Beispiel 3.39 Sei $A \in M(3 \times 3)$ gegeben durch $A = \begin{pmatrix} 1 & 1 & 0 \\ 1 & 0 & 1 \\ 0 & 1 & 1 \end{pmatrix}$. Dann sind etwa

$$T_{1,3}(A) = \begin{pmatrix} 0 & 1 & 1 \\ 1 & 0 & 1 \\ 1 & 1 & 0 \end{pmatrix}, \quad M_2^{-3}(A) = \begin{pmatrix} 1 & 1 & 0 \\ -3 & 0 & -3 \\ 0 & 1 & 1 \end{pmatrix}, \quad S_{2,3}^2(A) = \begin{pmatrix} 1 & 1 & 0 \\ 1 & 0 & 1 \\ 2 & 1 & 3 \end{pmatrix}.$$

Der folgende Satz zeigt, warum elementare Zeilenumformungen für unsere Zwecke sehr nützlich sind.

Satz 3.40 *Seien $m, n \in \mathbb{N}$ und seien $A, B \in M(m \times n)$. Geht B aus A durch eine Abfolge elementarer Zeilenumformungen hervor, so ist*

$$\mathscr{L}_{A,0} = \mathscr{L}_{B,0}.$$

Elementare Zeilenumformungen von Koeffizientenmatrizen lassen also die Lösungsmengen homogener linearer Gleichungssysteme unverändert.

Bei der Frage nach der Dimension der Lösungsmengen führt dies zu einem konkreten Ansatz. Wir wollen Matrizen mithilfe elementarer Zeilenumformungen auf eine gewisse „Standardform" bringen, sodass wir anhand dieser umgeformten Matrix die entsprechende Dimension des Lösungsraums ablesen können. Diese „Standardform" führen wir in der folgenden Definition ein und geben die Empfehlung, parallel auf Beispiel 3.42 zu achten, um die Idee dahinter zu erfassen.

Definition 3.41 Seien $m, n \in \mathbb{N}$ und sei $A = (a_{ij}) \in M(m \times n)$.

a) A ist *in Zeilenstufenform*, wenn sie die folgenden Eigenschaften hat:
   (i) Es gibt ein $r \in \{1, 2, \ldots, m\}$, sodass $a_{ij} = 0$ für alle $i > r$, d. h. unterhalb der r-ten Zeile von A enthält A nur Nullen.
   (ii) Es gibt Zahlen $j_1, j_2, \ldots, j_r \in \{1, 2, \ldots, n\}$ mit
   $$j_1 < j_2 < \cdots < j_r,$$
   sodass $a_{ij_i} \neq 0$ und $a_{ij} = 0$ falls $j < j_i$ für alle $i \in \{1, 2, \ldots, r\}$.

Eine allgemeine Matrix in Zeilenstufenform hat daher die folgende Form:

$$A = \begin{pmatrix} 0 & \ldots & 0 & a_{1j_1} & \ldots & a_{1(j_2-1)} & a_{1j_2} & \ldots & a_{1(j_r-1)} & a_{1j_r} & \ldots & a_{1n} \\ 0 & \ldots & 0 & 0 & \ldots & 0 & a_{2j_2} & \ldots & a_{2(j_r-1)} & a_{2j_r} & \ldots & a_{2n} \\ \vdots & \ddots & \vdots & \vdots & \ddots & \vdots & \vdots & \ddots & \vdots & \vdots & \ddots & \vdots \\ 0 & \ldots & 0 & 0 & \ldots & 0 & 0 & \ldots & 0 & a_{rj_r} & \ldots & a_{rn} \\ 0 & \ldots & 0 & 0 & \ldots & 0 & 0 & \ldots & 0 & 0 & \ldots & 0 \\ \vdots & \ddots & \vdots & \vdots & \ddots & \vdots & \vdots & \ddots & \vdots & \vdots & \ddots & \vdots \\ 0 & \ldots & 0 & 0 & \ldots & 0 & 0 & \ldots & 0 & 0 & \ldots & 0 \end{pmatrix}$$
(3.8)

b) Ist A in Zeilenstufenform wie in a), so nennen wir r den *Rang von A* und schreiben
$$\text{rang } A = r.$$

Die Zahlen $a_{1j_1}, a_{2j_2}, \ldots, a_{rj_r}$ heißen dann die *Pivotelemente* oder *Leitkoeffizienten von A*. Mit anderen Worten sind diese die ersten nicht verschwindenden Elemente der einzelnen Zeilen.

Die allgemeine Matrix in Zeilenstufenform aus (3.8) sieht zugegebenermaßen auf den ersten Blick etwas angsteinflößend aus. Es macht daher Sinn, sich zunächst Beispiele anzuschauen, um eine Intuition für den allgemeinen Fall zu bekommen.

Beispiel 3.42 Die folgenden Matrizen sind in Zeilenstufenform:

$$A_1 = \begin{pmatrix} 1 & 2 & 3 \\ 0 & 4 & 5 \\ 0 & 0 & 6 \end{pmatrix}, \quad A_2 = \begin{pmatrix} 1 & 2 & 3 & 4 \\ 0 & 0 & 5 & 6 \\ 0 & 0 & 0 & 7 \end{pmatrix}, \quad A_3 = \begin{pmatrix} 0 & 0 & 1 & 2 & 3 & 4 & 5 \\ 0 & 0 & 0 & 0 & 6 & 7 & 8 \\ 0 & 0 & 0 & 0 & 0 & 0 & 9 \\ 0 & 0 & 0 & 0 & 0 & 0 & 0 \end{pmatrix}.$$

In der Notation von Definition 3.41 gilt zum Beispiel für A_3, dass

$$\operatorname{rang} A_3 = 3, \quad j_1 = 3, \quad j_2 = 5, \quad j_3 = 7, \quad a_{1j_1} = 1, \quad a_{2j_2} = 6, \quad a_{3j_3} = 9.$$

Die folgenden Matrizen sind *nicht* in Zeilenstufenform:

$$\begin{pmatrix} 1 & 0 & 2 \\ 0 & 3 & 4 \\ 5 & 6 & 0 \end{pmatrix}, \quad \begin{pmatrix} 2 & 1 & 4 \\ 0 & 1 & -1 \\ 0 & 3 & 8 \end{pmatrix}.$$

Satz/Definition 3.43 *Seien $m, n \in \mathbb{N}$ und sei $A \in M(m \times n)$.*

a) *A lässt sich durch eine Abfolge von elementaren Zeilenumformungen in eine Matrix in Zeilenstufenform überführen.*
b) *Sind $B_1, B_2 \in M(m \times n)$ Matrizen in Zeilenstufenform, sodass sich A sowohl in B_1 als auch in B_2 durch elementare Zeilenumformungen überführen lässt, so gilt* $\operatorname{rang} B_1 = \operatorname{rang} B_2$. *Wir definieren daher den* Rang von A *durch*

$$\operatorname{rang} A = \operatorname{rang} B_1,$$

welcher also eindeutig definiert ist.

Beispiel 3.44 Wir betrachten eine Matrix $A \in M(4 \times 5)$, die wir durch elementare Zeilenumformungen in Zeilenstufenform bringen möchten. Hierbei wenden wir eine Technik an, die wir im nächsten Abschnitt ausführlicher behandeln und vertiefen werden.

$$A = \begin{pmatrix} 0 & 0 & 0 & -4 & -3 \\ 0 & -4 & 2 & 2 & 3 \\ 0 & 6 & -3 & 1 & 1 \\ 0 & 2 & -1 & 1 & 0 \end{pmatrix} \xrightarrow{T_{1,4}} \begin{pmatrix} 0 & 2 & -1 & 1 & 0 \\ 0 & -4 & 2 & 2 & 3 \\ 0 & 6 & -3 & 1 & 1 \\ 0 & 0 & 0 & -4 & -3 \end{pmatrix} \xrightarrow{S_{1,2}^{2}} \begin{pmatrix} 0 & 2 & -1 & 1 & 0 \\ 0 & 0 & 0 & 4 & 3 \\ 0 & 6 & -3 & 1 & 1 \\ 0 & 0 & 0 & -4 & -3 \end{pmatrix}$$

$$\xrightarrow{S_{1,3}^{-3}} \begin{pmatrix} 0 & 2 & -1 & 1 & 0 \\ 0 & 0 & 0 & 4 & 3 \\ 0 & 0 & 0 & -2 & 1 \\ 0 & 0 & 0 & -4 & -3 \end{pmatrix} \xrightarrow{S_{2,4}^{1}} \begin{pmatrix} 0 & 2 & -1 & 1 & 0 \\ 0 & 0 & 0 & 4 & 3 \\ 0 & 0 & 0 & -2 & 1 \\ 0 & 0 & 0 & 0 & 0 \end{pmatrix} \xrightarrow{S_{2,3}^{\frac{1}{2}}} \begin{pmatrix} 0 & 2 & -1 & 1 & 0 \\ 0 & 0 & 0 & 4 & 3 \\ 0 & 0 & 0 & 0 & \frac{5}{2} \\ 0 & 0 & 0 & 0 & 0 \end{pmatrix}.$$

Diese zuletzt erhaltene Matrix ist in Zeilenstufenform und wir können ablesen, dass ihr Rang 3 ist. Damit erhalten wir, dass

$$\operatorname{rang} A = 3.$$

Die besondere Bedeutung des Rangs für unsere Zwecke ergibt sich aus folgendem Satz, der die entscheidende Verbindung zu homogenen linearen Gleichungssystemen herstellt.

Satz 3.45 *Seien $m, n \in \mathbb{N}$ und sei $A \in M(m \times n)$. Dann gilt*

$$\dim \mathscr{L}_{A,0} = n - \operatorname{rang} A.$$

Bemerkung 3.46 Seien $m, n \in \mathbb{N}$, sei $A \in M(m \times n)$ und sei $k = n - \operatorname{rang} A$. Nach Satz 3.45 und Satz 3.35.c) bilden dann k linear unabhängige Lösungen von $Ax = 0$ eine Basis von $\mathscr{L}_{A,0}$, was wir explizit wie folgt formulieren können.

- Ist $k = 0$, also $\operatorname{rang} A = n$, so ist $\mathscr{L}_{A,0} = \{0\}$. (Nach Definition ist nämlich $\{0\}$ der einzige nulldimensionale Untervektorraum von $\mathbb{R}^n$.)
- Ist $k > 0$, so gibt es k linear unabhängige Lösungen $\{v_1, v_2, \ldots, v_k\}$ von $Ax = 0$.
- Ist $k > 0$ und ist $\{v_1, v_2, \ldots, v_k\} \subset \mathscr{L}_{A,0}$ linear unabhängig, so ist

$$\mathscr{L}_{A,0} = \{\lambda_1 v_1 + \lambda_2 v_2 + \cdots + \lambda_k v_k \in \mathbb{R}^n \mid \lambda_1, \lambda_2, \ldots, \lambda_k \in \mathbb{R}\}.$$

Wir wollen nun inhomogene lineare Gleichungssysteme auf ähnliche Weise behandeln. Dabei müssen wir natürlich die Zahlen berücksichtigen, die im inhomogenen Fall auf den rechten Seiten der Gleichungen des Systems auftauchen, wofür wir als Nächstes unseren Matrixformalismus etwas erweitern wollen.

Definition 3.47 Seien $m, n \in \mathbb{N}$, sei $A = (a_{ij}) \in M(m \times n)$ und sei $b = (b_i) \in M(m \times 1)$. Die *erweiterte Koeffizientenmatrix* des linearen Gleichungssystems $Ax = b$ ist die Matrix

$$(A|b) \in M(m \times (n+1)), \qquad (A|b) = \begin{pmatrix} a_{11} & a_{12} & \ldots & a_{1n} & b_1 \\ a_{21} & a_{22} & \ldots & a_{2n} & b_2 \\ \vdots & \vdots & \ddots & \vdots & \vdots \\ a_{m1} & a_{m2} & \ldots & a_{mn} & b_m \end{pmatrix},$$

also die Matrix, die wir erhalten, wenn wir in A den Spaltenvektor b als zusätzliche Spalte hinzufügen.

Beispiel 3.48 Die erweiterte Koeffizientenmatrix des in Motivation 3.1 behandelten Systems lautet

$$\begin{pmatrix} 4 & 2 & 5 & | & 255 \\ 3 & 5 & 7 & | & 380 \\ 5 & 1 & 3 & | & 210 \end{pmatrix}.$$

Der vertikale Strich vor der letzten Spalte wird hierbei oft gesetzt, um im Hinterkopf zu behalten, dass es sich um eine erweiterte Koeffizientenmatrix handelt, er hat jedoch keine weitere Bedeutung.

Auch im Fall inhomogener linearer Gleichungssysteme stellen sich elementare Zeilenumformungen als nützlich heraus, wenn wir statt mit den gewöhnlichen mit den erweiterten Koeffizientenmatrizen arbeiten.

Satz 3.49 *Seien $m, n \in \mathbb{N}$, seien $A, B \in M(m \times n)$ und seien $b, c \in M(m \times 1)$. Lässt sich $(A|b)$ durch eine Abfolge elementarer Zeilenumformungen in $(B|c)$ umformen, so haben $Ax = b$ und $Bx = c$ die gleichen Lösungsmengen, es ist also*

$$\mathscr{L}_{A,b} = \mathscr{L}_{B,c}.$$

Analog zum homogenen Fall können wir also die erweiterte Koeffizientenmatrix durch elementare Zeilenumformungen in Zeilenstufenform bringen und einen Blick auf den Rang werfen. Man stellt dabei fest, dass man auch in diesem Fall mithilfe des Rangs von Matrizen ablesen kann, wie die Lösungsmenge des Systems aussieht.

Satz 3.50 *Seien $m, n \in \mathbb{N}$, sei $A \in M(m \times n)$ und sei $b \in M(m \times 1)$.*

a) *Gilt* $\mathrm{rang}\, A = \mathrm{rang}(A|b)$ *und* $\mathrm{rang}\, A = n$, *so hat* $Ax = b$ *genau eine Lösung.*

b) *Gilt* $\mathrm{rang}\, A = \mathrm{rang}(A|b)$ *und* $\mathrm{rang}\, A < n$, *so hat* $Ax = b$ *unendlich viele Lösungen.*

c) *Gilt* $\mathrm{rang}\, A \neq \mathrm{rang}(A|b)$, *so besitzt* $Ax = b$ *keine Lösung.*

Bemerkung 3.51 Wir wollen uns den Grund für die Aussage von Satz 3.50.c) anschauen. Als Beispiel betrachten wir $A \in M(3 \times 4)$ und $b \in M(3 \times 1)$,

$$A = \begin{pmatrix} 2 & 4 & 0 & 1 \\ 0 & -1 & 2 & 4 \\ 0 & 0 & 0 & 0 \end{pmatrix}, \quad b = \begin{pmatrix} -4 \\ 7 \\ 8 \end{pmatrix}, \quad \text{sodass} \quad (A|b) = \left(\begin{array}{cccc|c} 2 & 4 & 0 & 1 & -4 \\ 0 & -1 & 2 & 4 & 7 \\ 0 & 0 & 0 & 0 & 8 \end{array} \right).$$

Hier sind A und $(A|b)$ praktischerweise bereits in Zeilenstufenform, sodass wir die Ränge der beiden Matrizen direkt als

$$\text{rang } A = 2, \qquad \text{rang}(A|b) = 3,$$

ablesen können. Nach Satz 3.50.c) besitzt das zugehörige lineare Gleichungssystem also keine Lösung. Schreiben wir dieses System auf, so können wir hier direkt sehen, *warum* es keine Lösung besitzt:

$$2x_1 + 4x_2 + x_4 = -4$$
$$-x_2 + x_3 + 4x_4 = 7$$
$$0 = 8$$

Die letzte Zeile ist Unsinn und offensichtlich für keine Wahl von x_1, x_2, x_3, x_4 erfüllt. Also hat das System keine Lösung. Bringen wir $(A|b)$ im Fall von Satz 3.50.c) in Zeilenstufenform, so ergibt sich tatsächlich immer eine Zeile der Form „$0 = c$" für irgendein $c \in \mathbb{R}$ mit $c \neq 0$. Damit kann das ursprüngliche System nach Satz 3.49 keine Lösung haben.

3.3 Lösungsverfahren für lineare Gleichungssysteme

Nachdem wir uns ausgiebig mit der Struktur von Lösungsmengen linearer Gleichungssysteme beschäftigt haben, wollen wir mit diesem Wissen im Hinterkopf Methoden besprechen, mit denen man diese Lösungsmengen tatsächlich ausrechnen kann. Dabei betrachten wir gleichzeitig homogene und inhomogene lineare Gleichungssysteme, den homogenen Fall erhalten wir aus $Ax = b$, indem wir $b = 0_{m \times 1}$ wählen, also alle Einträge von b verschwinden lassen.

Im vergangenen Abschnitt haben wir unter anderem den Rang einer Matrix eingeführt und dafür in Beispiel 3.44 eine Matrix mit elementaren Zeilenumformungen in Zeilenstufenform überführt. Wir haben dabei ein Rechenverfahren benutzt, das wir im Folgenden allgemein formulieren wollen.

Gauß'scher Algorithmus

Seien $m, n \in \mathbb{N}$, $A \in M(m \times n)$, $A = (a_{ij})$, und $b \in M(m \times 1)$ und betrachte das lineare Gleichungssystem $Ax = b$. Durch folgendes Verfahren erhält man aus der erweiterten Koeffizientenmatrix $(A|b)$ eine Matrix in Zeilenstufenform.

(i) *Bringe $(A|b)$ durch das Vertauschen von Zeilen in die Form einer Matrix $(A_1|b_1)$, für die der erste Eintrag, der nicht null ist, möglichst weit links oben steht.*

Mit anderen Worten erhalten wir eine Matrix $A_1 = (a_{1,ij})$, für die gilt: Ist $a_{1,1j_1}$ der erste nichtverschwindende Eintrag der ersten Zeile, so stehen in den ersten $j_1 - 1$ Spalten[1] von A_1 nur Nullen, d. h., es ist $a_{1,ij} = 0$ für alle i und j mit $j < j_1$. Die erhaltene Matrix $(A_1|b_1)$ ist also von der allgemeinen Form

$$(A_1|b_1) = \begin{pmatrix} 0 & \cdots & 0 & a_{1,1j_1} & a_{1,1(j_1+1)} & \cdots & a_{1,1n} & b_{1,1} \\ 0 & \cdots & 0 & a_{1,2j_1} & a_{1,2(j_1+1)} & \cdots & a_{1,2n} & b_{1,2} \\ \vdots & \ddots & \vdots & \vdots & \vdots & \ddots & \vdots & \vdots \\ 0 & \cdots & 0 & a_{1,mj_1} & a_{1,m(j_1+1)} & \cdots & a_{1,mn} & b_{1,m} \end{pmatrix}.$$

(ii) *Addiere so lange Vielfache von Zeilen zu den Zeilen 2 bis m von $(A_1|b_1)$, bis unterhalb von $a_{1,1j_1}$ in der Spalte j_1 nur noch Nullen stehen.*

Damit erhalten wir eine Matrix $(A_2|b_2)$, sodass in der ersten Zeile $a_{2,1j} = a_{1,1j}$ für alle $j \in \{1, 2, \ldots, n\}$ gilt und so, dass $a_{2,ij_1} = 0$ für jedes $i \in \{2, 3, \ldots, n\}$. Die erhaltene Matrix $(A_2|b_2)$ ist also von der allgemeinen Form

$$\begin{pmatrix} 0 & \cdots & 0 & a_{1,1j_1} & a_{1,1(j_1+1)} & \cdots & a_{1,1n} & b_{2,1} \\ 0 & \cdots & 0 & 0 & a_{2,2(j_1+1)} & \cdots & a_{2,2n} & b_{2,2} \\ \vdots & \ddots & \vdots & \vdots & \vdots & \ddots & \vdots & \vdots \\ 0 & \cdots & 0 & 0 & a_{2,m(j_1+1)} & \cdots & a_{2,mn} & b_{2,m} \end{pmatrix}.$$

(iii) *Wende die analogen Schritte zu (i) und (ii) nacheinander auf die Zeilen 2 bis m an, bis unterhalb der Pivotelemente dieser Zeilen nur noch Nullen stehen.*

Mit anderen Worten vertausche und addiere so lange Zeilen unterhalb der bereits umgeformten Zeilen, bis in jeder Zeile unterhalb des Pivot-

---

[1] Man beachte: Ist $a_{11} \neq 0$, so ist die Bedingung von A schon automatisch erfüllt. Dann kann dieser Schritt übersprungen und es kann $A = A_1$ und $b = b_1$ genommen werden.

elements nur noch Nullen in derselben Spalte stehen. Gehe dabei Zeile für Zeile von oben nach unten durch die Matrix.

(iv) *Werden alle Zeilen derart umgeformt, so erhält man eine Matrix in Zeilenstufenform.*

In Beispiel 3.44 sind wir bereits nach diesem Schema vorgegangen. Zur Veranschaulichung schauen wir uns noch ein Beispiel an, in dem wir das Problem aus Motivation 3.1 weiter bearbeiten.

Beispiel 3.52 In Beispiel 3.48 hatten wir die erweiterte Koeffizientenmatrix des linearen Gleichungssystems aus Motivation 3.1 aufgestellt. Diese werden wir nun mit dem Gauß'schen Algorithmus in Zeilenstufenform überführen. Die dabei durchgeführten Multiplikationen von Zeilen dienen hierbei dazu, die Rechnung übersichtlicher zu machen, indem wir dafür sorgen, dass möglichst viele Koeffizienten ganze Zahlen sind.

$$
\begin{pmatrix} 4 & 2 & 5 & | & 255 \\ 3 & 5 & 7 & | & 380 \\ 5 & 1 & 3 & | & 210 \end{pmatrix} \xrightarrow{S_{1,3}^{-\frac{5}{4}}} \begin{pmatrix} 4 & 2 & 5 & | & 255 \\ 3 & 5 & 7 & | & 380 \\ 0 & -\frac{3}{2} & -\frac{13}{4} & | & -\frac{435}{4} \end{pmatrix} \xrightarrow{M_3^{-4}} \begin{pmatrix} 4 & 2 & 5 & | & 255 \\ 3 & 5 & 7 & | & 380 \\ 0 & 6 & 13 & | & 435 \end{pmatrix}
$$

$$
\xrightarrow{S_{1,2}^{-\frac{3}{4}}} \begin{pmatrix} 4 & 2 & 5 & | & 255 \\ 0 & \frac{7}{2} & \frac{13}{4} & | & \frac{755}{4} \\ 0 & 6 & 13 & | & 435 \end{pmatrix} \xrightarrow{M_2^4} \begin{pmatrix} 4 & 2 & 5 & | & 255 \\ 0 & 14 & 13 & | & 755 \\ 0 & 6 & 13 & | & 435 \end{pmatrix}
$$

$$
\xrightarrow{S_{2,3}^{-\frac{3}{7}}} \begin{pmatrix} 4 & 2 & 5 & | & 255 \\ 0 & 14 & 13 & | & 755 \\ 0 & 0 & \frac{52}{7} & | & \frac{780}{7} \end{pmatrix} \xrightarrow{M_3^{\frac{7}{52}}} \begin{pmatrix} 4 & 2 & 5 & | & 255 \\ 0 & 14 & 13 & | & 755 \\ 0 & 0 & 1 & | & 15 \end{pmatrix}.
$$

Haben wir eine erweiterte Matrix in Zeilenstufenform überführt, so können wir ausgehend von dieser nun die Lösungsmengen des zugehörigen linearen Gleichungssystems bestimmen, wobei wir die drei möglichen Fälle aus Satz 3.50 unterscheiden müssen.

Fall 1: Lineare Gleichungssysteme ohne Lösungen
Dieser Fall kann nur für inhomogene lineare Gleichungssysteme auftreten. Haben wir $(A|b)$ mit dem Gauß'schen Algorithmus in Zeilenstufenform überführt, so können wir dies mit Satz 3.50 direkt am Rang ablesen. In diesem Fall ist also
$$\mathscr{L}_{A,b} = \varnothing.$$

Fall 2: Lineare Gleichungssysteme mit eindeutiger Lösung

Für ein homogenes lineares Gleichungssystem $Ax = 0$ entspricht dies genau dem Fall, dass

$$\mathscr{L}_{A,0} = \{0\},$$

womit wir die Lösungsmenge bereits bestimmt hätten. Betrachte also im Folgenden nur inhomogene Systeme. Nach Satz 3.26 entspricht eine eindeutige Lösung hierbei dem Fall, dass

$$\operatorname{rang} A = \operatorname{rang}(A|b) = n.$$

In diesem Fall muss die Zeilenstufenform von A also n „Stufen" haben, d. h., in den ersten n Zeilen der Matrix sind Einträge, die nicht verschwinden. Da A aber nur n Spalten hat, kann man daraus folgern, dass in der in Zeilenstufenform gebrachten Matrix $(B|c)$, wobei $B = (b_{ij})$ und $c = (c_i)$ *das Pivotelement der i-ten Zeile auch in der i-ten Spalte liegen muss*, d. h., dass jeweils b_{ii} das Pivotelement der i-ten Zeile ist. Weiterhin muss $c_i = 0$ für alle $i > n$ gelten, da sonst $\operatorname{rang}(A|b) > \operatorname{rang} A$ folgen würde. Damit muss $(B|c)$ also die Form

$$(B|c) = \begin{pmatrix} b_{11} & b_{12} & b_{13} & \ldots & b_{1n} & c_1 \\ 0 & b_{22} & b_{23} & \ldots & b_{2n} & c_2 \\ 0 & 0 & b_{33} & \ldots & b_{3n} & c_3 \\ \vdots & \vdots & \vdots & \ddots & \vdots & \vdots \\ 0 & 0 & 0 & \ldots & b_{nn} & c_n \\ 0 & 0 & 0 & \ldots & 0 & 0 \\ \vdots & \vdots & \vdots & \ddots & \vdots & \vdots \\ 0 & 0 & 0 & \ldots & 0 & 0 \end{pmatrix} \quad (3.9)$$

haben, d. h., alle Einträge unterhalb der „Diagonalen" verschwinden und für die „diagonalen" Einträge gilt $b_{ii} \neq 0$ für alle $i \in \{1, 2, \ldots, n\}$. Dies bedeutet, dass $b_{ij} = 0$ falls $i > j$ oder $i > n$ erfüllt ist und dass $c_i = 0$ für alle $i > n$.

Bemerkung 3.53 Man beachte, dass im Fall einer eindeutigen Lösung insbesondere gelten muss, dass $m \geq n$, da sonst die Bedingung $\operatorname{rang} A = n$ nicht erfüllt sein kann. *Hat ein lineares Gleichungssystem also eine eindeutige Lösung, so muss es mindestens so viele Gleichungen enthalten wie es Variablen gibt.*

Um ausgehend von (3.9) die Lösungsmenge zu bestimmen, stellen wir das zu (3.9) gehörende Gleichungssystem auf. Dieses lautet in der allgemeinen Form

$$b_{11}x_1 + b_{12}x_2 + b_{13}x_3 + \cdots + b_{1n}x_n = c_1,$$
$$b_{22}x_2 + b_{23}x_3 + \cdots + b_{2n}x_n = c_2,$$
$$b_{33}x_3 + \cdots + b_{3n}x_n = c_3,$$
$$\vdots$$
$$b_{nn}x_n = c_n.$$

Durch Umformen der letzten Gleichung erhalten wir den (eindeutigen) Wert $x_n = \frac{c_n}{b_{nn}}$. Setzen wir diesen in die vorletzte ein, so können wir durch eine einfache Umformung x_{n-1} ausrechnen. Fahren wir auf diese Weise Gleichung für Gleichung fort und setzen jeweils die schon berechneten Variablen ein, so bestimmen wir aus jeder Gleichung den Wert der jeweils nächsten Variablen, womit wir die eindeutige Lösung erhalten.

Mit diesem Rechenverfahren können wir nun endlich die Frage aus Motivation 3.1 beantworten.

Beispiel 3.54 Betrachte wieder das Gleichungssystem aus Motivation 3.1, dessen erweiterte Koeffizientenmatrix wir in Beispiel 3.52 in die Zeilenstufenform

$$(B|c) = \begin{pmatrix} 4 & 2 & 5 & | & 255 \\ 0 & 14 & 13 & | & 755 \\ 0 & 0 & 1 & | & 15 \end{pmatrix}$$

überführt haben. Wir lesen unmittelbar ab, dass $\text{rang}(B|c) = 3$ und $\text{rang } B = 3$, also gibt es nach Satz 3.50 eine eindeutige Lösung des zugehörigen Systems. Schreiben wir das Gleichungssystem dazu auf, so erhalten wir, dass

$$4x_1 + 2x_2 + 5x_3 = 255,$$
$$14x_2 + 13x_3 = 755,$$
$$x_3 = 15.$$

In der dritten Zeile steht bereits, dass $x_3 = 15$. Setzen wir dies in die zweite Zeile ein, so erhalten wir

$$14x_2 + 13 \cdot 15 = 755 \Leftrightarrow 14x_2 + 195 = 755 \Leftrightarrow 14x_2 = 560 \Leftrightarrow x_2 = 40.$$

Setzen wir schließlich $x_2 = 40$ und $x_3 = 15$ in die erste Zeile ein, so ergibt sich

$$4x_1 + 2 \cdot 40 + 5 \cdot 15 = 255 \quad \Leftrightarrow \quad 4x_1 = 255 - 80 - 75 \quad \Leftrightarrow \quad x_1 = 25.$$

Also erhalten wir als eindeutige Lösung des linearen Gleichungssystems

$$x_1 = 25, \qquad x_2 = 40, \qquad x_3 = 15.$$

Die Lösungsmenge ist folglich gegeben durch

$$\mathscr{L}_{A,b} = \{(25, 40, 15)\},$$

also als Menge, die nur das Element $(25, 40, 15) \in \mathbb{R}^3$ enthält. Betrachten wir das Ausgangsproblem aus Motivation 3.1, so können also mit den gelagerten Rohstoffen 25 Einheiten von P_1, 40 Einheiten von P_2 und 15 Einheiten von P_3 so produziert werden, dass der volle Lagerbestand verarbeitet wird.

Fall 3: Lineare Gleichungssysteme mit unendlich vielen Lösungen
Wir bezeichnen den Rang von A wieder mit $r = \text{rang}\, A$. Nach Satz 3.50 erhalten wir unendlich viele Lösungen, wenn $\text{rang}(A|b) = r$ und $r < n$ gilt. Formen wir also $(A|b)$ mit elementaren Zeilenumformungen in eine Matrix in Zeilenstufenform $(B|c)$ um, so bedeutet dies, *dass es im linearen Gleichungssystem $Bx = c$ mehr Variablen gibt als nichtverschwindende Gleichungen*, genauer sind es $(n - r)$ Variablen mehr.

Die Idee ist nun, dass wir die Variablen $x_{r+1}, x_{r+2}, \ldots, x_n$ als Parameter betrachten, die frei gewählt werden können, sodass wir für *jede* Wahl der Parameter eine Lösung des Systems erhalten. Wir schreiben $k = n - r$ und benennen die zusätzlichen Variablen um zu

$$\lambda_1 = x_{r+1}, \quad \lambda_2 = x_{r+2}, \quad \lambda_k = x_n.$$

Damit wollen wir die Variablen $x_1, x_2, \ldots, x_r$ nun *als von den Parametern $\lambda_1, \lambda_2, \ldots, \lambda_k$ abhängige Größen bestimmen*.

Bemerkung 3.55 Hierbei hätten wir genauso gut einfach r verschiedene der $x_1, \ldots, x_n$ auswählen und als Variablen betrachten können, während wir die restlichen $n - r$ als Parameter auffassen, zum Beispiel $x_{n-r+1}, x_{n-r+2}, \ldots, x_n$ als Variablen und $x_1, \ldots, x_{n-r}$ als Parameter. Die Wahl von $x_{r+1}, \ldots, x_n$ als Parameter ist dabei rechnerisch am übersichtlichsten. Will man andere

Variablen als Parameter betrachten, so nummeriert man am besten vor Beginn der Rechnung passend um.

Nach der Einteilung der Variablen und Umbenennung der Parameter fahren wir wie folgt fort:

(i) Setze die Bezeichnungen $\lambda_1, \ldots, \lambda_k$ in das lineare Gleichungssystem $Bx = c$ ein und bringe alle Parameter auf die rechte Seite des Systems.
(ii) Betrachte das System als lineares Gleichungssystem in den Variablen $x_1, \ldots, x_r$ mit r Gleichungen, dessen zugehörige Matrix den Rang r, also nach Satz 3.50 eine eindeutige Lösung hat, wenn wir $\lambda_1, \ldots, \lambda_k$ als fest gewählt betrachten.
(iii) Löse das zuletzt erhaltene System wie in Fall 2 beschrieben und erhalte Formeln für $x_1, \ldots, x_r$, die von $\lambda_1, \ldots, \lambda_k$ abhängen.

Auf diese Weise erhalten wir schließlich *alle* Lösungen des Systems, indem wir alle Wahlen von $\lambda_1, \ldots, \lambda_k \in \mathbb{R}$ zulassen. Allgemein finden wir bei dieser Rechnung für jedes $i \in \{1, 2, \ldots, r\}$ feste Zahlen $d_i, \mu_{i1}, \ldots, \mu_{ik} \in \mathbb{R}$, sodass wir für jedes $i \in \{1, 2, \ldots, r\}$ die Variable x_i in der Form

$$x_i = d_i + \mu_{i1} \cdot \lambda_1 + \mu_{i2} \cdot \lambda_2 + \cdots + \mu_{ik} \cdot \lambda_k = d_i + \sum_{j=1}^{k} \mu_{ij} \lambda_j$$

ausdrücken können. In der obigen Schreibweise erhalten wir die Lösungsmenge von $Ax = b$ ganz allgemein als

$$\mathscr{L}_{A,b} = \left\{ \left(d_1 + \sum_{j=1}^{k} \mu_{1j} \lambda_j, \ldots, d_r + \sum_{j=1}^{k} \mu_{rj} \lambda_j, \lambda_1, \lambda_2, \ldots, \lambda_k \right) \right.$$
$$\left. \in \mathbb{R}^n \,\middle|\, \lambda_1, \ldots, \lambda_k \in \mathbb{R} \right\}. \tag{3.10}$$

Dies ist so abstrakt formuliert natürlich schwer zu durchdringen, weshalb wir die Formeln an einem konkreten linearen Gleichungssystem ausrechnen wollen.

Beispiel 3.56 Betrachte das lineare Gleichungssystem

$$x_1 + 6x_3 + x_4 = 3,$$
$$x_2 - 8x_3 = -5,$$
$$4x_2 - 16x_3 - 3x_4 = -7.$$

Dies ist von der Form $Ax = b$, wobei

$$A = \begin{pmatrix} 1 & 0 & 6 & 1 \\ 0 & 1 & -8 & 0 \\ 0 & 4 & -16 & -3 \end{pmatrix} \in M(3 \times 4), \quad (A|b) = \begin{pmatrix} 1 & 0 & 6 & 1 & | & 3 \\ 0 & 1 & -8 & 0 & | & -5 \\ 0 & 4 & -16 & -3 & | & -7 \end{pmatrix}.$$

Durch die elementare Zeilenumformung $S_{2,3}^{-4}$ bringen wir $(A|b)$ in Zeilenstufenform:

$$\begin{pmatrix} 1 & 0 & 6 & 1 & | & 3 \\ 0 & 1 & -8 & 0 & | & -5 \\ 0 & 0 & 16 & -3 & | & 13 \end{pmatrix}. \qquad (3.11)$$

Hieran sehen wir, dass rang A = rang$(A|b) = 3 < 4$. Da $A \in M(3 \times 4)$, folgt daraus mit Satz 3.50, dass es unendlich viele Lösungen gibt. Nach den vorigen Erläuterungen betrachten wir dies als Gleichungssystem in drei Variablen x_1, x_2, x_3, da rang $A = 3$, und einem ($= 4 - 3$) Parameter $\lambda = x_4$. Dann ist das zugehörige Gleichungssystem zu (3.11) gegeben durch

$$\begin{aligned} x_1 + 6x_3 + \lambda &= 3, \\ x_2 - 8x_3 &= -5, \\ 16x_3 - 3\lambda &= 13 \end{aligned} \quad \Leftrightarrow \quad \begin{aligned} x_1 + 6x_3 &= 3 - \lambda, \\ x_2 - 8x_3 &= -5, \\ 16x_3 &= 13 + 3\lambda. \end{aligned}$$

Aus der letzten Gleichung folgt, dass

$$x_3 = \frac{13}{16} + \frac{3}{16}\lambda.$$

Setzen wir dies in die zweite Gleichung ein, so ergibt sich

$$x_2 - \frac{13}{2} - \frac{3}{2}\lambda = -5 \quad \Leftrightarrow \quad x_2 = \frac{3}{2} + \frac{3}{2}\lambda.$$

In der ersten Gleichung erhalten wir:

$$x_1 + \frac{78}{16} + \frac{18}{16}\lambda = 3 - \lambda \quad \Leftrightarrow \quad x_1 + \frac{39}{8} + \frac{9}{8}\lambda = 3 - \lambda \quad \Leftrightarrow \quad x_1 = -\frac{15}{8} - \frac{17}{8}\lambda.$$

Damit ist die allgemeine Lösung des Systems gegeben durch

$$x_1 = -\frac{15}{8} - \frac{17}{8}\lambda, \qquad x_2 = \frac{3}{2} - \frac{3}{2}\lambda, \qquad x_3 = \frac{13}{16} + \frac{3}{16}\lambda, \qquad \text{wobei } \lambda \in \mathbb{R}.$$

Als Lösungsmenge erhalten wir folglich

$$\mathscr{L}_{A,b} = \left\{ \left(-\frac{15}{8} - \frac{17}{8}\lambda, \frac{3}{2} + \frac{3}{2}\lambda, \frac{13}{16} + \frac{3}{16}\lambda, \lambda \right) \in \mathbb{R}^4 \;\Big|\; \lambda \in \mathbb{R} \right\}.$$

Definieren wir im allgemeinen Fall nun $d \in \mathbb{R}^n$ durch $d = (d_1, d_2, \ldots, d_r, 0, \ldots, 0)$, so können wir die allgemeine Form einer Lösung aus (3.10) nach den Rechenregeln für Vektoren weiter umformen zu

$$d + \left(\sum_{j=1}^{k} \mu_{1j}\lambda_j, \ldots, \sum_{j=1}^{k} \mu_{rj}\lambda_j, \; \lambda_1, \lambda_2, \ldots, \lambda_k \right)$$
$$= d + (\mu_{11}\lambda_1, \mu_{21}\lambda_1, \ldots, \mu_{r1}\lambda_1, \lambda_1, 0, \ldots, 0) + (\mu_{12}\lambda_2, \mu_{22}\lambda_2, \ldots, \mu_{r2}\lambda_2, 0, \lambda_2, 0, \ldots, 0)$$
$$+ \ldots + (\mu_{1k}\lambda_k, \mu_{2k}\lambda_k, \ldots, \mu_{rk}\lambda_k, 0, 0, \ldots, \lambda_k)$$
$$= d + \lambda_1 \cdot (\mu_{11}, \mu_{21}, \ldots, \mu_{r1}, 1, 0, \ldots, 0) + \lambda_2 \cdot (\mu_{12}, \mu_{22}, \ldots, \mu_{r2}, 0, 1, 0, \ldots, 0)$$
$$+ \ldots + \lambda_k \cdot (\mu_{1k}, \mu_{2k}, \ldots, \mu_{rk}, 0, 0, \ldots, 1).$$

Definieren wir also Vektoren $v_1, \ldots, v_k \in \mathbb{R}^n$ durch

$$v_i = (\mu_{1i}, \mu_{2i}, \ldots, \mu_{ri}, 0, \ldots, 0, \underset{(r+i)\text{-ter Eintrag}}{1}, 0, \ldots, 0),$$

so erhalten wir, dass

$$\mathscr{L}_{A,b} = \{ d + \lambda_1 v_1 + \lambda_2 v_2 + \cdots + \lambda_k v_k \in \mathbb{R}^n \mid \lambda_1, \lambda_2, \ldots, \lambda_k \in \mathbb{R} \}.$$

Aus dieser Schreibweise wird nun der Bezug zu Abschn. 3.2 deutlich. Man rechnet nämlich nach, dass die Vektoren der Form

$$\lambda_1 v_1 + \lambda_2 v_2 + \cdots + \lambda_k v_k$$

genau die Lösungen des homogenen Systems $Ax = 0$ *sind*, d. h.

$$\mathscr{L}_{A,0} = \{ \lambda_1 v_1 + \lambda_2 v_2 + \cdots + \lambda_k v_k \in \mathbb{R}^n \mid \lambda_1, \lambda_2, \ldots, \lambda_k \in \mathbb{R} \},$$

woraus folgt, dass $\mathscr{L}_{A,b} = \{d + v \mid v \in \mathscr{L}_{A,0}\}$, was die Aussage von Satz 3.26 bestätigt.

Man rechnet hier nach, dass die so konstruierten Vektoren $\{v_1, v_2, \ldots, v_k\}$ immer linear unabhängig sind. Daraus folgt nun, dass

$$\{v_1, v_2, \ldots, v_k\}$$

tatsächlich eine *Basis* des Untervektorraums $\mathscr{L}_{A,0}$ ist. Wir erhalten also insbesondere, dass

$$\dim \mathscr{L}_{A,0} = k = n - \operatorname{rang} A,$$

was die Aussage von Satz 3.45 bestätigt.

Beispiel 3.57 Die Lösungsmenge aus Beispiel 3.56 können wir entsprechend schreiben als

$$\mathscr{L}_{A,b} = \left\{ \left(-\frac{15}{8}, \frac{3}{2}, \frac{13}{16}, 0\right) + \lambda \cdot \left(-\frac{17}{8}, -\frac{3}{2}, \frac{3}{16}, 1\right) \in \mathbb{R}^4 \,\middle|\, \lambda \in \mathbb{R} \right\}.$$

In diesem Fall ist $\{(-\frac{17}{8}, -\frac{3}{2}, \frac{3}{16}, 1)\}$ eine Basis des zugehörigen homogenen Systems $Ax = 0$.

Wir fassen nun die bisher entwickelten Methoden dieses Abschnitts wie folgt zusammen.

Allgemeines Lösungsverfahren für lineare Gleichungssysteme

Seien $m, n \in \mathbb{N}$, $A \in M(m \times n)$ und $b \in M(m \times 1)$ und betrachte das lineare Gleichungssystem

$$Ax = b.$$

(1) Verwende den Gauß'schen Algorithmus, um $(A|b)$ in eine Matrix in Zeilenstufenform umzuformen.
(2) Lese den Rang von A ab und entscheide mit Satz 3.50, ob das lineare Gleichungssystem genau eine, unendlich viele oder gar keine Lösung hat:

 (2.a) Hat $Ax = b$ keine Lösung, so gibt es nichts mehr zu zeigen, es ist $\mathscr{L}_{A,b} = \emptyset$.
 (2.b) Hat $Ax = b$ genau eine Lösung, so leite diese durch Einsetzen oder Matrixumformungen direkt aus der Zeilenstufenform her.

(2.c) Hat $Ax = b$ unendlich viele Lösungen, so betrachte die Variablen $x_{r+1}, \ldots, x_n$ als frei wählbare Parameter, wobei $r = \operatorname{rang} A$. Stelle das Gleichungssystem mit r Gleichungen für $x_1, \ldots, x_r$ auf, löse dies wie in (2.b). Leite daraus die allgemeine Lösung in den Parametern her.

Wir wollen nun den Fall linearer Gleichungssysteme mit genau einer Lösung noch einmal aus einer anderen Perspektive betrachten.

Seien $n \in \mathbb{N}$ und $A \in M(n \times n)$, A habe also genauso viele Zeilen wie Spalten. Betrachte ein lineares Gleichungssystem der Form $Ax = b$. Stellen wir uns vor, es gäbe eine Matrix $B \in M(n \times n)$, sodass

$$B \cdot A = I_n, \tag{3.12}$$

wobei I_n wieder die n-dimensionale Einheitsmatrix bezeichne. Dann würden wir mit den Rechenregeln 3.21 aus $Ax = b$ herleiten, dass

$$B \cdot b = B \cdot (A \cdot x) = (B \cdot A) \cdot x = I_n \cdot x = x.$$

Würden wir also eine solche Matrix B kennen, so könnten wir unmittelbar *für alle möglichen Wahlen von b* die eindeutige Lösung von $Ax = b$ berechnen als

$$x = B \cdot b.$$

Wir hätten also auf einen Schlag eine direkte Lösungsformel für *alle* inhomogenen linearen Gleichungssysteme mit Koeffizientenmatrix A. Damit stellen sich uns zwei einfache Fragen:

- Zu welchen Matrizen $A \in M(n \times n)$ gibt es eine Matrix $B \in M(n \times n)$, sodass (3.12) erfüllt ist?
- Falls es zu einem A ein solches B gibt, wie bestimmen wir dieses?

Definition 3.58 Sei $n \in \mathbb{N}$ und sei $A \in M(n \times n)$. Eine Matrix $A^{-1} \in M(n \times n)$ heißt *die zu A inverse Matrix* bzw. die *Inverse von A*, wenn gilt, dass

$$A^{-1} \cdot A = I_n \quad \text{und} \quad A \cdot A^{-1} = I_n.$$

Falls A eine Inverse besitzt, so nennen wir A *invertierbar*.

Bemerkung 3.59 Es lässt sich leicht zeigen, dass nicht *jede* Matrix invertierbar ist. Betrachten wir etwa die Nullmatrix $0_{n \times n} \in M(n \times n)$, so sieht man direkt an der Definition des Matrixprodukts, dass

$$B \cdot 0_{n \times n} = 0_{n \times n}, \qquad 0_{n \times n} \cdot B = 0_{n \times n}$$

für jedes $B \in M(n \times n)$ gibt. Also kann es keine zu $0_{n \times n}$ inverse Matrix geben, da keines dieser Matrixprodukte die Einheitsmatrix I_n ergeben kann.

Wie entscheiden wir also, ob es eine inverse Matrix gibt oder nicht? Wir schauen uns dazu zunächst den Spezialfall $n = 2$ an. Sei

$$A = \begin{pmatrix} a & b \\ c & d \end{pmatrix} \in M(2 \times 2)$$

beliebig gewählt. Angenommen, es gebe eine Matrix $B = \begin{pmatrix} x_{11} & x_{12} \\ x_{21} & x_{22} \end{pmatrix}$, sodass

$$B \cdot A = I_2 \quad \Leftrightarrow \quad \begin{pmatrix} x_{11} & x_{12} \\ x_{21} & x_{22} \end{pmatrix} \cdot \begin{pmatrix} a & b \\ c & d \end{pmatrix} = \begin{pmatrix} 1 & 0 \\ 0 & 1 \end{pmatrix}$$

$$\Leftrightarrow \begin{pmatrix} ax_{11} + cx_{12} & bx_{11} + dx_{12} \\ ax_{21} + cx_{22} & bx_{21} + dx_{22} \end{pmatrix} = \begin{pmatrix} 1 & 0 \\ 0 & 1 \end{pmatrix}.$$

An den Einträgen rechts oben und links unten sehen wir, dass dann

$$ax_{21} + cx_{22} = 0 \quad \wedge \quad bx_{11} + dx_{12} = 0$$

gelten muss. Wir stellen fest, dass dies zum Beispiel erfüllt ist, wenn gilt:

$$x_{21} = -c, \quad x_{22} = a, \quad x_{11} = d, \quad x_{12} = -b.$$

Wir probieren diese Werte aus und berechnen, dass

$$\begin{pmatrix} d & -b \\ -c & a \end{pmatrix} \cdot \begin{pmatrix} a & b \\ c & d \end{pmatrix} = \begin{pmatrix} ad - bc & 0 \\ 0 & -bc + ad \end{pmatrix} = (ad - bc) \cdot \begin{pmatrix} 1 & 0 \\ 0 & 1 \end{pmatrix} = (ad - bc) \cdot I_2.$$

Nehmen wir nun an, dass $ad - bc \neq 0$ erfüllt ist, so haben wir unser B gefunden. In diesem Fall gilt nämlich nach unserer Rechnung, dass $B \cdot A = I_2$, wenn wir

$$B = \frac{1}{ad - bc} \begin{pmatrix} d & -b \\ -c & a \end{pmatrix}$$

wählen. Man rechnet direkt nach, dass hier auch $A \cdot B = I_2$ gilt, somit ist tatsächlich B die zu A inverse Matrix.

Es stellt sich heraus, dass die Bedingung $ad - bc \neq 0$ tatsächlich notwendig ist. Mit mehr linearer Algebra lässt sich zeigen, dass A im Fall $ad - bc = 0$ tatsächlich nicht invertierbar ist. Auf ähnliche Weise kann man tatsächlich jeder $n \times n$-Matrix eine Zahl zuordnen, an der wir die Invertierbarkeit ablesen können. Hierzu wollen wir ein allgemeines Resultat betrachten, auf das wir im Folgenden für 2×2-Matrizen und 3×3-Matrizen genauer eingehen werden.

Satz/Definition 3.60 *Zu jedem* $n \in \mathbb{N}$ *gibt es eine Funktion*

$$\det : M(n \times n) \to \mathbb{R},$$

genannt die Determinante, *die die folgenden Eigenschaften hat:*

(i) *Ist* $\det(A) \neq 0$, *so ist* A *invertierbar.*
(ii) *Ist* $\det(A) = 0$, *so ist* A *nicht invertierbar.*
(iii) $\det(I_n) = 1$.
(iv) *Für alle* $A, B \in M(n \times n)$ *gilt* $\det(A \cdot B) = \det(A) \cdot \det(B)$.

Eine allgemeine Formel für die Determinante in beliebigen Dimensionen lässt sich nur mit großem Aufwand herleiten. Wir wollen deshalb hier nur die Fälle $n = 2$ und $n = 3$ betrachten.

Satz 3.61

a) *Für jedes* $A = \begin{pmatrix} a & b \\ c & d \end{pmatrix}$ *ist die Determinante von* A *gegeben durch*

$$\det(A) = ad - bc.$$

Ist $\det(A) \neq 0$, *so ist die zu* A *inverse Matrix zudem gegeben durch*

$$A^{-1} = \frac{1}{\det(A)} \begin{pmatrix} d & -b \\ -c & a \end{pmatrix}.$$

b) *(Regel von Sarrus) Für jedes* $A = \begin{pmatrix} a_{11} & a_{12} & a_{13} \\ a_{21} & a_{22} & a_{23} \\ a_{31} & a_{32} & a_{33} \end{pmatrix} \in M(3 \times 3)$ *ist die Determinante von* A *gegeben durch*

$$\det(A) = a_{11}a_{22}a_{33} + a_{12}a_{23}a_{31} + a_{13}a_{21}a_{32} - a_{13}a_{22}a_{31} - a_{12}a_{21}a_{33} - a_{11}a_{23}a_{32}.$$

Beispiel 3.62 Sei $A = \begin{pmatrix} 2 & 1 \\ 3 & 4 \end{pmatrix} \in M(2 \times 2)$. Dann ist

$$\det(A) = 2 \cdot 4 - 1 \cdot 3 = 8 - 3 = 5.$$

Insbesondere ist $\det(A) \neq 0$, sodass A invertierbar ist. Die zu A inverse Matrix ist mit der Formel aus Satz 3.61.a) gegeben durch

$$A^{-1} = \frac{1}{5} \begin{pmatrix} 4 & -1 \\ -3 & 2 \end{pmatrix} = \begin{pmatrix} \frac{4}{5} & -\frac{1}{5} \\ -\frac{3}{5} & \frac{2}{5} \end{pmatrix}.$$

Bemerkung 3.63

(1) Die Regel von Sarrus für Determinanten von 3×3-Matrizen lässt sich gut mithilfe des folgenden Schemas einprägen:

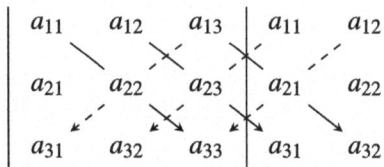

Entlang der durchgezogenen Pfeile bildet man jeweils die Produkte der drei Einträge und addiert diese miteinander, entlang der gestrichelten Pfeile bildet man ebenfalls jeweils die Produkte der drei Einträge und zieht diese vom Ergebnis ab.
So ist beispielsweise

$$\det \begin{pmatrix} 1 & 2 & 3 \\ 4 & 5 & 6 \\ 7 & 8 & 9 \end{pmatrix} = 1 \cdot 5 \cdot 9 + 2 \cdot 6 \cdot 7 + 3 \cdot 4 \cdot 8 - 3 \cdot 5 \cdot 7 - 2 \cdot 4 \cdot 9 - 1 \cdot 6 \cdot 8$$

$$= 45 + 84 + 96 - 105 - 72 - 48 = 0.$$

Insbesondere ist diese Matrix *nicht* invertierbar.

(2) Als wir uns in Abschn. 2.4 mit lokalen Extrema von Funktionen $f: \mathbb{R}^2 \to \mathbb{R}$ beschäftigt haben, haben wir in Satz 2.71 gesehen, dass der Ausdruck

$$\Delta(a) = \partial_x \partial_x f(a) \cdot \partial_y \partial_y f(a) - (\partial_x \partial_y f(a))^2$$

eine Rolle spielt, die ähnlich der der zweiten Ableitung bei reellen Funktionen ist. Tatsächlich ist dieser Ausdruck ein Spezialfall einer Determinanten. Mit dem Satz von Schwarz (Satz 2.67) sieht man, dass $\Delta(a) = \det(H_f(a))$, wobei $H_f(a) \in M(2 \times 2)$ die sogenannte *Hesse-Matrix von f in a* ist. Diese ist gegeben durch

$$H_f(a) = \begin{pmatrix} \partial_x \partial_x f(a) & \partial_x \partial_y f(a) \\ \partial_y \partial_x f(a) & \partial_y \partial_y f(a) \end{pmatrix}.$$

Die Hesse-Matrix lässt sich auf Funktionen $f : \mathbb{R}^n \to \mathbb{R}$ für beliebiges $n \in \mathbb{N}$ verallgemeinern und mit ihr lassen sich auch in höheren Dimensionen Aussagen über lokale Extrema treffen, was jedoch deutlich mehr lineare Algebra erfordert.

Im Fall $n = 2$ gibt uns Satz 3.61.a) eine direkte Formel zur Bestimmung der inversen Matrix einer gegebenen invertierbaren Matrix. Im Fall $n > 2$ gibt es keine vergleichbare einfache Formel, dafür gibt es jedoch ein Verfahren zur Bestimmung inverser Matrizen mittels elementarer Zeilenumformungen.

Gauß-Jordan-Verfahren zur Bestimmung inverser Matrizen
Sei $n \in \mathbb{N}$ und sei $A \in M(n \times n)$.

(1) Überprüfe, ob A invertierbar ist, etwa durch Berechnung der Determinante. Ist A nicht invertierbar, so gibt es nichts zu bestimmen. Ist A invertierbar, fahre fort.
(2) Ist A invertierbar, so lässt sich A durch eine Abfolge elementarer Zeilenumformungen in die Einheitsmatrix I_n überführen (analog zur Vorgehensweise bei eindeutig lösbaren linearen Gleichungssystemen) Bestimme eine solche Abfolge.
(3) Führe *dieselbe Abfolge* elementarer Zeilenumformungen mit I_n durch. Das Ergebnis ist A^{-1}.

In der Praxis werden die Schritte 2 und 3 des Gauß-Jordan-Verfahrens simultan ausgeführt, wie wir an einem Beispiel verdeutlichen wollen.

Beispiel 3.64 Wir betrachten das lineare Gleichungssystem

$$x_2 - 4x_3 = b_1,$$
$$x_1 + 2x_2 - x_3 = b_2, \qquad (3.13)$$
$$x_1 + x_2 + 2x_3 = b_3.$$

Wir wollen zeigen, dass das System für jede Wahl von $b_1, b_2, b_3 \in \mathbb{R}$ eine eindeutige Lösung besitzt und eine Formel für diese herleiten. Die Koeffizientenmatrix des Systems lesen wir ab als

$$A = \begin{pmatrix} 0 & 1 & -4 \\ 1 & 2 & -1 \\ 1 & 1 & 2 \end{pmatrix}.$$

Berechne zunächst mit der Regel von Sarrus, dass $\det(A) = 0 - 1 - 4 + 8 - 2 - 0 = 1$, also $\det(A) \neq 0$, womit A invertierbar ist. Wir formen daher A zunächst nach dem Gauß'schen Algorithmus in eine Matrix in Zeilenstufenform um und wenden entsprechend dem Gauß-Jordan-Verfahren gleichzeitig dieselben Umformungen auf die Einheitsmatrix I_3 an.

$$\begin{pmatrix} 0 & 1 & -4 \\ 1 & 2 & -1 \\ 1 & 1 & 2 \end{pmatrix} \qquad \begin{pmatrix} 1 & 0 & 0 \\ 0 & 1 & 0 \\ 0 & 0 & 1 \end{pmatrix}$$
$$\downarrow T_{1,2} \qquad\qquad \downarrow T_{1,2}$$
$$\begin{pmatrix} 1 & 2 & -1 \\ 0 & 1 & -4 \\ 1 & 1 & 2 \end{pmatrix} \qquad \begin{pmatrix} 0 & 1 & 0 \\ 1 & 0 & 0 \\ 0 & 0 & 1 \end{pmatrix}$$
$$\downarrow S_{1,3}^{-1} \qquad\qquad \downarrow S_{1,3}^{-1}$$
$$\begin{pmatrix} 1 & 2 & -1 \\ 0 & 1 & -4 \\ 0 & -1 & 3 \end{pmatrix} \qquad \begin{pmatrix} 0 & 1 & 0 \\ 1 & 0 & 0 \\ 0 & -1 & 1 \end{pmatrix}$$
$$\downarrow S_{2,3}^{1} \qquad\qquad \downarrow S_{2,3}^{1}$$
$$\begin{pmatrix} 1 & 2 & -1 \\ 0 & 1 & -4 \\ 0 & 0 & -1 \end{pmatrix} \qquad \begin{pmatrix} 0 & 1 & 0 \\ 1 & 0 & 0 \\ 1 & -1 & 1 \end{pmatrix}$$
$$\downarrow M_3^{-1} \qquad\qquad \downarrow M_3^{-1}$$

$$\begin{pmatrix} 1 & 2 & -1 \\ 0 & 1 & -4 \\ 0 & 0 & 1 \end{pmatrix} \qquad \begin{pmatrix} 0 & 1 & 0 \\ 1 & 0 & 0 \\ -1 & 1 & -1 \end{pmatrix}$$
$$\downarrow S_{3,2}^{4} \qquad\qquad \downarrow S_{3,2}^{4}$$
$$\begin{pmatrix} 1 & 2 & -1 \\ 0 & 1 & 0 \\ 0 & 0 & 1 \end{pmatrix} \qquad \begin{pmatrix} 0 & 1 & 0 \\ -3 & 4 & -4 \\ -1 & 1 & -1 \end{pmatrix}$$
$$\downarrow S_{1,3}^{1} \qquad\qquad \downarrow S_{1,3}^{1}$$
$$\begin{pmatrix} 1 & 2 & 0 \\ 0 & 1 & 0 \\ 0 & 0 & 1 \end{pmatrix} \qquad \begin{pmatrix} -1 & 2 & -1 \\ -3 & 4 & -4 \\ -1 & 1 & -1 \end{pmatrix}$$
$$\downarrow S_{1,2}^{-2} \qquad\qquad \downarrow S_{1,2}^{-2}$$
$$\begin{pmatrix} 1 & 0 & 0 \\ 0 & 1 & 0 \\ 0 & 0 & 1 \end{pmatrix} \qquad \begin{pmatrix} 5 & -6 & 7 \\ -3 & 4 & -4 \\ -1 & 1 & -1 \end{pmatrix}$$

Nun sind wir auf der linken Seite bei der Einheitsmatrix I_3 angekommen. Wir lesen daher an der rechten Seite ab, dass

$$A^{-1} = \begin{pmatrix} 5 & -6 & 7 \\ -3 & 4 & -4 \\ -1 & 1 & -1 \end{pmatrix}.$$

Wollen wir dieses Ergebnis überprüfen, so können wir zur Probe anhand der Definition des Matrixprodukts nachrechnen, dass $A \cdot A^{-1} = I_3$ und $A^{-1} \cdot A = I_3$ erfüllt sind. Für gegebenes $b = (b_1, b_2, b_3) \in \mathbb{R}^3$ ist daher nach obigen Überlegungen der eindeutige Lösungsvektor von (3.13) gegeben durch

$$x = A^{-1} \cdot \begin{pmatrix} b_1 \\ b_2 \\ b_3 \end{pmatrix} = \begin{pmatrix} 5b_1 - 6b_2 + 7b_3 \\ -3b_1 + 4b_2 - 4b_3 \\ -b_1 + b_2 - b_3 \end{pmatrix}.$$

Mit anderen Worten hat (3.13) also die eindeutige Lösung

$$x_1 = 5b_1 - 6b_2 + 7b_3, \qquad x_2 = -3b_1 + 4b_2 - 4b_3, \qquad x_3 = -b_1 + b_2 - b_3.$$

3.4 Aufgaben zu Kap. 3

Aufgabe 3.1 Seien Matrizen $A, B \in M(3 \times 3)$ und $C \in M(3 \times 2)$ gegeben durch

$$A = \begin{pmatrix} 1 & 0 & -1 \\ 0 & 2 & 3 \\ 4 & 1 & 1 \end{pmatrix}, \qquad B = \begin{pmatrix} -1 & 1 & 1 \\ 2 & -2 & 1 \\ 0 & 3 & 0 \end{pmatrix}, \qquad C = \begin{pmatrix} 3 & 1 \\ 0 & 2 \\ 1 & 5 \end{pmatrix}.$$

Rechnen Sie am Beispiel dieser Matrizen nach, dass die folgenden Rechenregeln erfüllt sind:

a) $(A + B) \cdot C = A \cdot C + B \cdot C$.
b) $(A \cdot B) \cdot C = A \cdot (B \cdot C)$.

Aufgabe 3.2 Sei $x = (x_1, x_2, x_3, x_4) \in \mathbb{R}^4$. Bestimmen Sie $A_1, A_2, A_3 \in M(4 \times 4)$, für die Folgendes gilt:

a) $A_1 \cdot x = 5x$, b) $A_2 \cdot x = \begin{pmatrix} x_4 \\ x_3 \\ x_2 \\ x_1 \end{pmatrix}$, c) $A_3 \cdot x = \begin{pmatrix} -x_2 \\ x_1 \\ -x_4 \\ x_3 \end{pmatrix}$.

Aufgabe 3.3 Ein Unternehmen stellt aus den Rohstoffen R_1, R_2, R_3, R_4, R_5 die Zwischenprodukte Z_1, Z_2, Z_3, Z_4 her. Der Rohstoffbedarf pro Einheit der Zwischenprodukte ist in folgender Tabelle angegeben:

	Z_1	Z_2	Z_3	Z_4
R_1	0	1	0	1
R_2	1	2	0	1
R_3	1	0	1	3
R_4	2	2	1	1
R_5	1	3	2	0

Die Zwischenprodukte werden im Anschluss zu den Vorprodukten V_1, V_2, V_3, V_4 weiterverarbeitet. Hierbei werden pro Einheit der V_i die folgenden Einheiten der Zwischenprodukte benötigt:

	V_1	V_2	V_3	V_4
Z_1	3	1	1	2
Z_2	4	1	0	1
Z_3	0	0	1	1
Z_4	1	0	0	1

Schließlich werden die Vorprodukte zu den Endprodukten E_1, E_2, E_3 verarbeitet, wobei die benötigten Einheiten pro Einheit der E_i wie folgt gegeben sind:

	E_1	E_2	E_3
V_1	1	1	1
V_2	1	1	2
V_3	1	2	0
V_4	1	0	1

Es sollen insgesamt 10 Einheiten von E_1, 20 Einheiten von E_2 und 30 Einheiten von E_3 hergestellt werden. Wieviele Einheiten der jeweiligen Rohstoffe werden dafür benötigt? Lösen Sie das Problem mithilfe von Matrizen.

Aufgabe 3.4 Seien

$$U_1 = \{(x, y, z) \in \mathbb{R}^3 \mid 2x - y + z = 0\},$$
$$U_2 = \{(x, y, z) \in \mathbb{R}^3 \mid 2x - 3y + z = 1\}.$$

a) Zeigen Sie, dass U_1 ein Untervektorraum von $\mathbb{R}^3$ ist, U_2 jedoch nicht.
b) Bestimmen Sie eine Basis und die Dimension von U_1.

Aufgabe 3.5 Untersuchen Sie, ob die folgenden linearen Gleichungssysteme keine, eine oder unendlich viele Lösungen besitzen. (Hierzu ist es nicht nötig, die Lösungsmengen vollständig zu bestimmen.)

a)
$$x_1 + x_2 + x_3 = 1,$$
$$-3x_1 + x_2 + 2x_3 = 2,$$
$$-2x_1 + 2x_2 + 3x_3 = 3.$$

b)
$$x_1 - 2x_2 + 3x_3 - x_4 = 1,$$
$$3x_1 + 2x_3 + x_4 = 3,$$
$$4x_1 + 2x_2 - x_3 + 3x_3 = 1,$$
$$-2x_1 + 6x_2 - 2x_3 - 2x_3 = 16.$$

c)
$$x_1 + 2x_2 + 3x_3 = 6,$$
$$2x_1 + x_2 + x_3 = 4,$$
$$5x_1 + 4x_2 + 5x_3 = 13.$$

Aufgabe 3.6 Bestimmen Sie die Lösungsmengen der folgenden linearen Gleichungssysteme:

a)
$$x_1 + x_2 + 2x_3 = 8$$
$$x_1 + 3x_2 = 8$$
$$2x_1 + 3x_2 - x_3 = 8$$

b)
$$x_1 + 2x_2 + 3x_3 = 4$$
$$4x_1 + 5x_2 + 6x_3 = 10$$
$$5x_1 + 7x_2 + 9x_3 = 11$$

c)
$$x_1 + 2x_2 + 3x_3 = 4$$
$$x_1 + 3x_2 + 5x_3 = 6$$
$$x_1 + x_3 = 2$$

d)
$$x_1 + 2x_2 + 3x_3 = 16$$
$$x_2 + 2x_3 = 7$$
$$x_1 + 4x_2 + 7x_3 = 30$$

e)
$$-8x_1 + x_2 + 2x_3 = 5$$
$$-7x_1 + 2x_2 + x_3 = 4$$
$$-3x_1 + x_3 = 0$$

f)
$$x_1 - x_2 + x_3 - x_4 = 1$$
$$x_2 + x_4 = 0$$
$$2x_1 - x_2 + 2x_3 - x_4 = 1$$
$$3x_1 - 2x_2 + 3x_3 - 2x_4 = 3$$

Aufgabe 3.7 Ein Maschinenbauunternehmen verkauft drei Typen von Landmaschinen M_1, M_2, M_3 in vier Länder L_1, L_2, L_3, L_4. In den Spalten der folgenden Tabelle ist angegeben, wie viele Maschinen in den einzelnen Ländern verkauft werden sollen sowie wie hoch die Umsatzziele des Unternehmens (in €) in den einzelnen Ländern sind.

	M_1	M_2	M_3	Umsatzziel
L_1	1	1	1	60.000
L_2	2	3	4	200.000
L_3	3	5	3	220.000
L_4	4	6	4	280.000

Wie hoch müssen die Produktpreise gewählt werden, damit die angegebenen Umsatzziele erreicht werden?

Aufgabe 3.8 Bestimmen Sie, falls existent, die Inversen der folgenden Matrizen:

$$A = \begin{pmatrix} 1 & 3 \\ 2 & 9 \end{pmatrix}, \qquad B = \begin{pmatrix} 1 & 2 \\ 2 & 4 \end{pmatrix}, \qquad C = \begin{pmatrix} 1 & 2 & 1 \\ 2 & 5 & -1 \\ 4 & 8 & 5 \end{pmatrix}, \qquad D = \begin{pmatrix} 2 & 4 & 3 \\ 1 & 2 & 3 \\ 1 & 1 & 1 \end{pmatrix}.$$

4

Lineare Optimierung

Auf der Grundlage unseres Wissens über lineare Algebra aus dem vergangenen Kapitel wollen wir uns nun mit den fortgeschritteneren Fragestellungen der linearen Optimierung befassen. Hierbei geht es darum, den maximalen Wert einer linearen Funktion zu finden, wenn als Nebenbedingungen gewisse lineare Ungleichungen erfüllt sein sollen. Probleme dieser Art treten oft in der Produktionsplanung auf, wenn mit beschränkten Ressourcen geplant und mit dem größtmöglichen Profit produziert werden soll. Wir werden uns zunächst den einfachen Fall zweier Variablen anschauen, in dem derartige Probleme sehr anschaulich visualisiert und grafisch gelöst werden können, bevor wir zu guter Letzt den Simplexalgorithmus im Detail besprechen, mit dem allgemeine lineare Optimierungsprobleme gelöst werden können.

4.1 Standardmaximumprobleme in zwei Variablen

Bevor wir uns mit allgemeinen linearen Optimierungsproblemen beschäftigen, schauen wir uns zwei konkrete motivierende Fragestellungen an, die wir im Folgenden mathematisch modellieren wollen.

Motivation 4.1 In einem landwirtschaftlichen Betrieb werden Kühe und Schafe gehalten. Hierbei gelten die folgenden Rahmenbedingungen:

(1) Es sind Ställe für 50 Kühe und 200 Schafe vorhanden.
(2) Zum Betrieb gehören 18 ha Weideland. Das benötigte Weideland wird pro Schaf mit 500 m² (= 0,05 ha) und pro Kuh mit 2500 m² (= 0,25 ha) veranschlagt.
(3) Zur Versorgung des Viehs sind Arbeitskräfte vorhanden, von denen im Jahr 10.000 Arbeitsstunden geleistet werden können. Auf eine Kuh entfallen jährlich 150 Arbeitsstunden, auf ein Schaf 25 Arbeitsstunden.
(4) Pro Kuh wird ein Reingewinn von 1000 € im Jahr und pro Schaf ein Reingewinn von 200 € im Jahr erzielt.

Wie viele Kühe und wie viele Schafe sollte der Betrieb halten, um einen maximalen Jahresgewinn zu erreichen?

Wir wollen dies nun als ein abstraktes mathematisches Problem formulieren. Sei x_1 die Anzahl der Kühe und x_2 die Anzahl der Schafe im Betrieb. Für rechnerische Zwecke betrachten wir $x_1, x_2 \in \mathbb{R}$, auch wenn in der Praxis natürlich $x_1, x_2 \in \mathbb{N}$ gelten muss, da es um Stückzahlen von Tieren geht. Wir nehmen jedoch sinnvollerweise an, dass

$$x_1 \geq 0, \qquad x_2 \geq 0,$$

gilt, da es keine negativen Anzahlen an Kühen und Schafen geben kann. Die Bedingung (1) besagt dann, dass hierbei aus Platzgründen

$$x_1 \leq 50, \qquad x_2 \leq 200,$$

gelten muss. Aus Bedingung (2) lesen wir ab, dass

$$0{,}25 \cdot x_1 + 0{,}05 \cdot x_2 \leq 18$$

gelten muss, da ansonsten das vorhandene Weideland nicht ausreicht. Hierbei ist $0{,}25 \cdot x_1$ das von x_1 Kühen benötigte Weideland in Hektar und $0{,}05 \cdot x_2$ das von x_2 Schafen benötigte Weideland in Hektar. Aus Bedingung (3) folgt analog, dass

$$150 \cdot x_1 + 25 \cdot x_2 \leq 10.000,$$

da sonst nicht genügend Arbeitskräfte zur Verfügung stehen. Der Jahresgewinn der Viehhaltung berechnet sich in € als

$$1000 x_1 + 250 x_2.$$

Als rein mathematisches Problem lassen sich die gesuchten Werte von x_1 und x_2 also wie folgt charakterisieren:

Finde den größtmöglichen Wert von $\quad 1000x_1 + 250x_2$

unter den Nebenbedingungen
$$\begin{cases} x_1 \geq 0, \quad x_2 \geq 0, \\ x_1 \leq 50, \\ x_2 \leq 200, \\ 0{,}25 \cdot x_1 + 0{,}05 \cdot x_2 \leq 18, \\ 150 \cdot x_1 + 25 \cdot x_2 \leq 10.000. \end{cases}$$

Die geschweifte Klammer deutet hierbei an, dass alle mit der Klammer zusammengefassten Ungleichungen gleichzeitig erfüllt sein sollen.

Wir betrachten eine weitere praktische Fragestellung, die sich auf sehr ähnliche Weise mathematisch formalisieren lässt.

Motivation 4.2 Ein Betrieb stellt zwei Produkte P_1 und P_2 her, die zu einem Stückpreis von 20 € für P_1 und 30 € für P_2 verkauft werden. Beide Produkte müssen auf den Anlagen A_1 und A_2 gefertigt werden. Hierbei kann die Anlage A_1 jeden Tag für zehn Stunden und die Anlage A_2 jeden Tag für acht Stunden genutzt werden. Zur Herstellung eines Exemplars von P_1 muss dieses eine Stunde auf A_1 und eine Stunde auf A_2 gefertigt werden, während jedes Exemplar von P_2 zwei Stunden auf Anlage A_1 und eine Stunde auf Anlage A_2 beansprucht. Die Produkte sollen in einem Zeitraum von 20 Tagen hergestellt werden und es ist bekannt, dass von P_2 in diesen 20 Tagen höchstens 60 Stück verkauft werden können, da der Markt dann gesättigt ist. Wie viele Exemplare von P_1 und wie viele von P_2 sollte der Betrieb in den 20 Tagen produzieren, um einen maximalen Gewinn zu erzielen.

Wir bezeichnen hier die Anzahl der hergestellten Exemplare von P_1 mit x_1 und die der hergestellten Exemplare von P_2 mit x_2. Der Gewinn des Betriebs mit P_1 und P_2 beträgt folglich

$$20x_1 + 30x_2.$$

Da insgesamt 20 Produktionstage eingeplant sind, stehen insgesamt $10 \cdot 20 = 200$ h auf Anlage A_1 und $8 \cdot 20 = 160$ h auf Anlage A_2 zur Verfügung. Daher müssen wir als Nebenbedingungen der Anlagen betrachten, dass

$$x_1 + 2x_2 \leq 200, \quad x_1 + x_2 \leq 160.$$

Zusammen mit der Absatzbeschränkung von 60 Stück für P_2 und der offensichtlichen Tatsache, dass $x_1 \geq 0$ und $x_2 \geq 0$ sein sollte, erhalten wir damit das folgende abstrakte Problem:

Finde den größtmöglichen Wert von $\quad 20x_1 + 30x_2$

unter den Nebenbedingungen $\quad \begin{cases} x_1 \geq 0, \quad x_2 \geq 0, \\ x_2 \leq 60, \\ x_1 + 2x_2 \leq 200, \\ x_1 + x_2 \leq 160. \end{cases}$

Die Probleme aus Motivation 4.1 und 4.2 sind Spezialfälle sogenannter *linearer Optimierungsprobleme*. Diese werden wir nicht in voller Allgemeinheit behandeln, sondern nur den folgenden Typ solcher Probleme, der unter anderem die beiden motivierenden Probleme abdeckt.

Definition 4.3

a) Sei M eine Menge, sei $f: M \to \mathbb{R}$ eine Funktion und sei $A \subset M$. Wir nennen einen Funktionswert $f(x_0)$ das *Maximum von f auf A* (*Minimum von f auf A*) und schreiben

$$\max_A f = f(x_0) \quad (\min_A f = f(x_0)),$$

wenn $x_0 \in A$ und wenn gilt, dass

$$f(x) \leq f(x_0) \quad (f(x) \geq f(x_0)) \quad \text{für alle } x \in A.$$

b) Eine Funktion $f: \mathbb{R}^n \to \mathbb{R}$ heißt *linear*, wenn es Zahlen $c_1, \ldots, c_n \in \mathbb{R}$ gibt, sodass

$$f(x_1, x_2, \ldots, x_n) = c_1 x_1 + c_2 x_2 + \cdots + c_n x_n.$$

c) Ein *Standardmaximumproblem* ist eine Fragestellung der folgenden Form: Seien $m, n \in \mathbb{N}$, sei $f: \mathbb{R}^n \to \mathbb{R}$ eine lineare Funktion und seien $a_{ij}, b_i \in [0, +\infty)$ für alle $i \in \{1, 2, \ldots, m\}$ und $j \in \{1, 2, \ldots, n\}$. Gesucht ist das Maximum von f auf D, wobei D die Menge aller $(x_1, \ldots, x_n) \in \mathbb{R}^n$ bezeichne, für die gilt, dass

$$\begin{cases} x_1 \geq 0, \quad x_2 \geq 0, \quad \ldots, \quad x_n \geq 0, \\ a_{11}x_1 + a_{12}x_2 + \cdots + a_{1n}x_n \leq b_1, \\ a_{21}x_1 + a_{22}x_2 + \cdots + a_{2n}x_n \leq b_2, \\ \quad \vdots \\ a_{m1}x_1 + a_{m2}x_2 + \cdots + a_{mn}x_n \leq b_m. \end{cases}$$

Hierbei nennen wir f die *Zielfunktion* und D den *zulässigen Bereich* des Standardmaximumproblems.

d) Die Bedingungen, dass $x_1 \geq 0$, ..., $x_n \geq 0$ heißen *Nichtnegativitätsbedingungen*. Die anderen Ungleichungen in der Definition eines Standardmaximumproblems nennen wir die *Restriktionen* des Problems.

Bemerkung 4.4

(1) Wir schreiben ein Standardmaximumproblem wie in Definition 4.3 auch in der folgenden Form:

Maximiere $\quad f(x_1, x_2, \ldots, x_n)$

unter den Nebenbedingungen
$$\begin{cases} x_1 \geq 0, \quad x_2 \geq 0, \quad \ldots, \quad x_n \geq 0, \\ a_{11}x_1 + a_{12}x_2 + \cdots + a_{1n}x_n \leq b_1, \\ a_{21}x_1 + a_{22}x_2 + \cdots + a_{2n}x_n \leq b_2, \\ \quad \vdots \\ a_{m1}x_1 + a_{m2}x_2 + \cdots + a_{mn}x_n \leq b_m. \end{cases}$$

(2) Deutlich kürzer können wir das Problem mithilfe des Matrixformalismus aus Kap. 3 ausdrücken.
Wir schreiben für zwei Spaltenvektoren $v, w \in M(m \times 1)$ mit $v = (v_i)$ und $w = (w_i)$, dass $v \leq w$, wenn gilt, dass $v_i \leq w_i$ für jedes $i \in \{1, 2, \ldots, m\}$.
Betrachten wir die Matrix $A \in M(m \times n)$, $A = (a_{ij})$, deren Einträge die Koeffizienten unserer Restriktionen sind, so können wir die Nebenbedingungen aus (1) kurz fassen als

$$x \geq 0, \qquad Ax \leq b, \qquad \text{wobei } x = (x_1, \ldots, x_n) \in \mathbb{R}^n.$$

Wir schreiben das Problem in Kurzform dann auch als

$$\text{Maximiere} \quad f(x_1, x_2, \ldots, x_n)$$
$$\text{unter den Nebenbedingungen} \quad \begin{cases} x \geq 0, \\ Ax \leq b. \end{cases}$$

Beispiel 4.5

(1) Das Problem aus Motivation 4.1 ist ein Standardmaximumproblem. Hier sind $m = 4$ und $n = 2$ und die Zielfunktion ist $f(x_1, x_2) = 1000x_1 + 250x_2$. Die Bedingungen $x_1 \leq 50$ und $x_2 \leq 250$ können wir in die Form geeigneter Restriktionen bringen, indem wir sie als

$$1 \cdot x_1 + 0 \cdot x_2 \leq 50, \qquad 0 \cdot x_1 + 1 \cdot x_2 \leq 250.$$

umformulieren. Folglich sind die Restriktionen aus Motivation 4.1 gegeben als

$$Ax \leq b, \quad \text{wobei } A \in M(4 \times 2), \quad A = \begin{pmatrix} 1 & 0 \\ 0 & 1 \\ 0{,}25 & 0{,}05 \\ 150 & 25 \end{pmatrix}, \quad b \in M(4 \times 1),$$

$$b = \begin{pmatrix} 50 \\ 250 \\ 18 \\ 10.000 \end{pmatrix}.$$

(2) Auch das Problem aus Motivation 4.2 ist ein Standardmaximumproblem für $n = 2$. In diesem Problem ist die Zielfunktion gegeben durch $f(x_1, x_2) = 20x_1 + 30x_2$ und die Restriktionen sind in der Form $Ax \leq b$ darstellbar, wobei

$$A \in M(3 \times 2), \quad A = \begin{pmatrix} 1 & 2 \\ 1 & 1 \\ 0 & 1 \end{pmatrix}, \quad b \in M(3 \times 1), \quad b = \begin{pmatrix} 200 \\ 160 \\ 60 \end{pmatrix}.$$

Im Fall von zwei Variablen, also $n = 2$, gibt es eine anschauliche geometrische Möglichkeit, Standardmaximumprobleme zu lösen. Wir wollen uns in diesem

Fall die Restriktionen des Problems in einem zweidimensionalen Koordinatensystems veranschaulichen, in dem wir den Wert von x_1 auf der x-Achse und den Wert von x_2 auf der y-Achse auftragen. Seien $a_1, a_2, c \in [0, +\infty)$ und betrachte die Mengen

$$H_c = \{(x_1, x_2) \in \mathbb{R}^2 \mid a_1 x_1 + a_2 x_2 \leq c\},$$
$$N_c = \{(x_1, x_2) \in \mathbb{R}^2 \mid a_1 x_1 + a_2 x_2 = c\}.$$

Ist $a_2 > 0$, so können wir die definierende Gleichung von N_c umformen zu

$$a_1 x_1 + a_2 x_2 = c \quad \Leftrightarrow \quad x_2 = \frac{c}{a_2} - \frac{a_1}{a_2} x_1.$$

Hieran sieht man, dass N_c genau den Graphen der Funktion $g(x) = \frac{c}{a_2} - \frac{a_1}{a_2} x$ beschreibt, also eine Gerade. Da $a_1 \geq 0$ und $a_2 > 0$, ist $-\frac{a_1}{a_2} \leq 0$, also ist die Steigung der Geraden negativ oder null. Da $\frac{c}{a_2} > 0$, lässt sich folgern, dass die Gerade den ersten Quadranten schneidet und dort im Fall negativer Steigung, also im Fall $a_1 > 0$, mit den beiden Koordinatenachsen ein Dreieck einschließt. H_c beschreibt die *Halbebene aller Punkte, die auf oder unterhalb der Geraden* liegen, siehe Abb. 4.1 für ein Beispiel. Verschwindet hingegen die Steigung, ist also $a_1 = 0$, so ist N_c eine Gerade, die parallel zur x-Achse verläuft und H_c die Menge aller Punkte, die auf oder unterhalb dieser Geraden liegen. Ist $a_2 = 0$, so können wir annehmen, dass $a_1 > 0$, da die Bedingung im Fall $a_1 = a_2 = 0$ sowieso immer erfüllt wäre. Ist $a_1 > 0$, so erhalten wir, dass

$$N_c = \{(x_1, x_2) \in \mathbb{R}^2 \mid a_1 x_1 = c\} = \left\{(x_1, x_2) \in \mathbb{R}^2 \,\bigg|\, x_1 = \frac{c}{a_1}\right\}$$

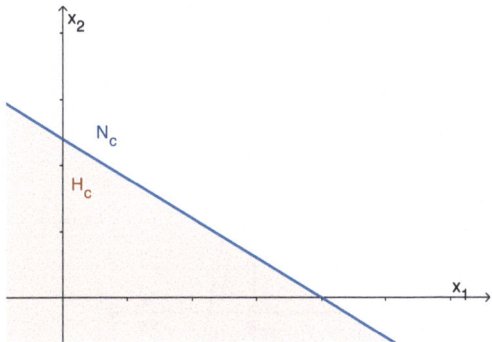

Abb. 4.1 Eine Halbebene, die von einer Geraden beschränkt wird

eine Gerade ist, die parallel zur y-Achse verläuft. In diesem Fall ist H_c die Menge der Punkte, die entweder auf oder auf der linken Seite von N_c liegen.

Betrachten wir nun die Menge der Punkte, die *alle* Restriktionen des Problems erfüllen, so handelt es sich also um die Schnittmenge der Halbebenen, die durch die Restriktionen gegeben sind. Liegt ein Punkt im zulässigen Bereich des Problems, so muss zudem noch gelten, dass $x_1 \geq 0$ und $x_2 \geq 0$, anschaulich muss der Punkt also im ersten Quadranten, d. h. oberhalb der x-Achse und rechts von der y-Achse, des Koordinatensystems liegen. Zeichnen wir die entsprechenden Geraden und den zulässigen Bereich für die Probleme aus Motivation 4.1 und 4.2, so erhalten wir die in Abb. 4.2 und 4.3 dargestellten Skizzen.

Als praktischen Trick überlegt man sich, dass man die Schnittpunkte der N_c mit den Koordinatenachsen leicht ausrechnen kann, indem man einer der Variablen den Wert null gibt und dann die zweite Variable ausrechnet. Hat man die beiden Schnittpunkte gefunden, so kann N_c als die Gerade eingezeichnet werden, die durch beide Punkte verläuft.

Definition 4.6 Sei $f : \mathbb{R}^2 \to \mathbb{R}$, $f(x_1, x_2) = c_1 x_1 + c_2 x_2$, die Zielfunktion eines Standardmaximumproblems in zwei Variablen. Die Mengen der Form

$$I_c = \{(x_1, x_2) \in \mathbb{R}^2 \mid f(x_1, x_2) = c\} = \{(x_1, x_2) \in \mathbb{R}^2 \mid c_1 x_1 + c_2 x_2 = c\},$$
wobei $c \in \mathbb{R}$,

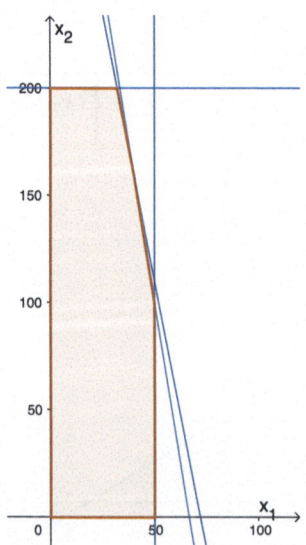

Abb. 4.2 Das Problem aus Motivation 4.1

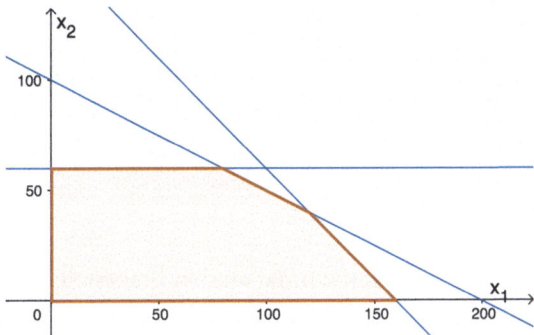

Abb. 4.3 Das Problem aus Motivation 4.2

heißen *Isoquanten* des Problems.

Bemerkung 4.7 Man sieht in Definition 4.6 leicht, dass jede Isoquante I_c eine Gerade ist. Weiter überlegt man sich, dass je zwei Isoquanten stets zueinander parallel sind. Anschaulich gilt, dass der Funktionswert einer Isoquante umso größer ist, je „weiter rechts" die Gerade sich befindet, d. h. je größer der x-Wert ist, in dem die Isoquante die x-Achse schneidet.

Suchen wir nun nach dem größten Funktionswert von f, der im zulässigen Bereich angenommen wird, so suchen wir also geometrisch *nach der Isoquante mit dem größten Funktionswert, die den zulässigen Bereich schneidet*. Dies führt uns zu folgendem Lösungsansatz für unser Standardmaximumproblem.

Grafische Lösung von Standardmaximumproblemen in zwei Variablen

(1) Zeichne die Geraden ein, die die Restriktionen des Problems nach obigem Schema beschreiben.
(2) Skizziere den Bereich aller Punkte, der unterhalb jeder dieser Geraden sowie im ersten Quadranten des Koordinatensystems liegt. Dieser ist der zulässige Bereich D.
(3) Zeichne eine Isoquante der Zielfunktion ein. Bestimme die Parallele zur Isoquante, die den größtmöglichen Wert c_0 gehört (d. h. „am weitesten rechts" ist), sodass I_{c_0} den zulässigen Bereich D schneidet. Falls es keine solche gibt, d. h., falls es kein größtes c gibt, sodass I_c den zulässigen Bereich schneidet, so ist das Problem nicht lösbar.

(4) Lese einen Schnittpunkt (x_1, x_2) von I_{c_0} mit dem zulässigen Bereich ab. Für diesen Punkt gilt $f(x_1, x_2) = \max_D f$.

Schauen wir uns dieses Verfahren einmal an den Fragestellungen aus den Motivationen 4.1 und 4.2 an. In den folgenden Skizzen sei die gestrichelte grüne Gerade die Isoquante I_0 und die durchgezogene grüne Gerade die Isoquante mit dem größtmöglichen Wert, die den zulässigen Bereich im Punkt P schneidet. In Motivation 4.2 erhalten wir die in Abb. 4.4 dargestellte Situation.

Die Koordinaten von P lassen sich hier ablesen zu $P = (120, 40)$. Damit ist hier

$$\max_D f = f(120, 40) = 20 \cdot 120 + 30 \cdot 40 = 2400 + 1200 = 3600.$$

Der maximale Gewinn in Motivation 4.2 beträgt also 3600 € und er wird erzielt, wenn 120 Stück von P_1 und 40 Stück von P_2 hergestellt werden. Man beachte, dass in diesem Fall die maximal verkaufbare Menge von P_2 nicht erreicht wird, dass aber die beiden Anlagen hier bereits voll ausgelastet sind und keine zusätzliche Produktion mehr möglich ist.

In Motivation 4.1 erhalten wir die in Abb. 4.5 dargestellte Situation. Wir lesen die Koordinaten von P hier ab als $P = (32, 200)$. Folglich ist

$$\max_D f = f(32, 200) = 32 \cdot 1000 + 250 \cdot 200 = 32.000 + 50.000 = 82.000.$$

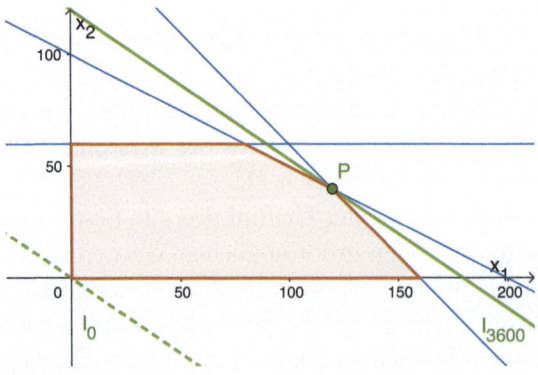

Abb. 4.4 Grafische Optimierung des Problems aus Motivation 4.2

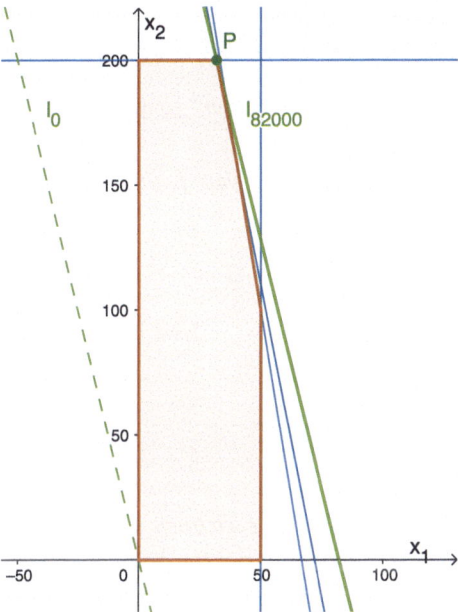

Abb. 4.5 Grafische Optimierung des Problems aus Motivation 4.1

Der maximale Gewinn ist daher 82.000 € und er wird erreicht, wenn 32 Kühe und 200 Schafe gehalten werden.

Während der grafische Ansatz zwar anschaulich und gut nachzuvollziehen ist, hat er leider einen entscheidenden Nachteil: er ist nur auf Standardmaximumprobleme in *zwei* Variablen anwendbar, was in der Praxis bei der Modellierung komplexerer Produktionsvorgänge bei Weitem nicht ausreicht. Um ein Verfahren herzuleiten, das allgemeiner auf alle Standardmaximumprobleme anwendbar ist, müssen wir mathematisch etwas weiter ausholen.

4.2 Der Simplexalgorithmus

Bei der grafischen Lösung von Standardmaximumproblemen im letzten Abschnitt ist uns aufgefallen, dass in den Beispielen das Maximum der Zielfunktion stets auf einer „Ecke" des zulässigen Bereichs angenommen wird, d. h. in einem Punkt, in dem sich mindestens zwei der Geraden schneiden, die den Restriktionen zugeordnet sind. Tatsächlich ist dies kein Zufall und eine solche Aussage gilt für alle Standardmaximumprobleme in beliebig vielen Variablen. Hierzu müssen wir jedoch zunächst definieren, was wir unter einer „Ecke" verstehen, wenn wir mehr als zwei Variablen betrachten.

Im Folgenden betrachten wir ein fest gewähltes Standardmaximumproblem, d. h., es seien $m, n \in \mathbb{N}$, $A \in M(m \times n)$, $A = (a_{ij})$, $b \in M(m \times 1)$ mit $b \geq 0$, $b = (b_i)$, sowie eine Zielfunktion $f \colon \mathbb{R}^n \to \mathbb{R}$, $f(x_1, \ldots, x_n) = \sum_{i=1}^{n} c_i x_i$, gegeben und wir suchen das Maximum von f unter den Nebenbedingungen

$$\begin{cases} x_1 \geq 0, \quad x_2 \geq 0, \quad \ldots, \quad x_n \geq 0, \\ a_{11}x_1 + a_{12}x_2 + \cdots + a_{1n}x_n \leq b_1, \\ a_{21}x_1 + a_{22}x_2 + \cdots + a_{2n}x_n \leq b_2, \\ \quad\quad\quad\quad\quad \vdots \\ a_{m1}x_1 + a_{m2}x_2 + \cdots + a_{mn}x_n \leq b_m, \end{cases} \quad \text{bzw. in Kurzschreibweise} \quad \begin{cases} x \geq 0, \\ Ax \leq b. \end{cases}$$

(4.1)

Den zulässigen Bereich des Problems bezeichnen wir wieder mit D.

Beim grafischen Ansatz in zwei Variablen hatten wir gesehen, dass das Maximum dabei stets in einem Eckpunkt von D angenommen wurde. Dies ist tatsächlich kein Zufall. Um das entsprechende Ergebnis genauer zu formulieren, müssen wir zunächst den entsprechenden Begriff für das Problem in n Variablen einführen.

Definition 4.8 Ein Punkt $(x_1, \ldots, x_n) \in D$ heißt *Ecke von D*, wenn in mindestens n der in (4.1) zusammengefassten Ungleichungen Gleichheit gilt.

Der folgende Satz, den wir nicht beweisen werden, ist nun die Grundlage für das Rechenverfahren, das wir danach einführen werden.

Satz 4.9 (Hauptsatz der linearen Optimierung).

a) *Gilt $D \neq \emptyset$ und gibt es ein $C \in (0, +\infty)$, sodass*

$$f(x) \leq C \quad \text{für alle } x \in D,$$

so besitzt das Standardmaximumproblem eine Lösung, d. h., f besitzt ein Maximum auf D.
b) *Wenn ein Maximum von f auf D existiert, dann wird dieses in einer Ecke von D angenommen, es gibt also eine Ecke $x_0 \in D$ mit $f(x_0) = \max_{D} f$.*

Bemerkung 4.10 Die Bedingung aus Satz 4.9.a) besagt, dass die Werte von f auf D nicht unendlich groß werden können. Dies könnte zum Beispiel passieren, wenn $m = 1$ wäre und die einzige Restriktion $x_2 \leq c$ für irgendein $c \in [0, +\infty)$ lauten würde. (Dies mache man sich grafisch anhand der Isoquanten klar.)

Der Hauptsatz der linearen Optimierung liefert uns eine abstrakte Garantie dafür, dass das Standardmaximumproblem eine Lösung besitzt und zeigt uns, dass wir bei unserer Suche nach dem Maximum von f auf D *nur die Ecken von D* zu beachten brauchen.

Nehme im Folgenden an, dass die Bedingung aus Satz 4.9 für unser Standardmaximumproblem erfüllt ist, dass also die Werte, die f auf D annimmt, nicht beliebig groß werden können.

Wie aber finden wir nun eine Ecke von D, in der das Maximum angenommen wird? Man könnte natürlich sehr profan vorgehen und den folgenden *enumerativen Lösungsansatz* nutzen:

- Bestimme alle Ecken von D.
- Bestimme die Funktionswerte von f in allen Ecken von D und lese den größten dieser Werte ab.

Dieser Ansatz funktioniert, wenn sowohl die Anzahl der Variablen als auch die der Restriktionen klein sind. Haben wir es jedoch mit einem komplexen Problem zu tun, so kann man sich überlegen, dass die Anzahl der Ecken des zulässigen Bereichs schnell sehr groß und dieser Ansatz damit sehr aufwendig wird. Im Allgemeinen stellt sich also die Frage:

Wie finden wir auf möglichst effiziente Weise eine Ecke $x_0 \in D$, für die $f(x_0) = \max_D f$ gilt?

Hierzu gibt es ein allgemeines Lösungsverfahren der linearen Optimierung, den sogenannten *Simplexalgorithmus*. Diesen wollen wir im Folgenden für Standardmaximumprobleme herleiten und durchrechnen.

Zunächst verwenden wir einen Ansatz, mit dem wir die Restriktionen des Problems so umschreiben können, dass wir unser Wissen über lineare Gleichungssysteme nutzen. Die Idee ist, dass wir unsere Ungleichungsbedingung $Ax \leq b$ in ein lineares Gleichungssystem verwandeln, indem wir zusätzliche Variablen einführen. Unter den *Schlupfvariablen* dieses Problems verstehen wir neue Variablen $y_1, \ldots, y_m$, die die Gleichungen

$$\begin{aligned}
y_1 + a_{11}x_1 + a_{12}x_2 + \cdots + a_{1n}x_n &= b_1 \\
y_2 + a_{21}x_1 + a_{22}x_2 + \cdots + a_{2n}x_n &= b_2 \\
&\vdots \\
y_m + a_{m1}x_1 + a_{m2}x_2 + \cdots + a_{mn}x_n &= b_m
\end{aligned} \quad (4.2)$$

erfüllen sollen. Schreiben wir die Schlupfvariablen in einen Spaltenvektor,

$$y = \begin{pmatrix} y_1 \\ y_2 \\ \vdots \\ y_m \end{pmatrix} \in M(m \times 1),$$

so soll also

$$y + Ax = b \quad (4.3)$$

gelten. Sind die y_i auf diese Weise eingeführt, so gilt

$$Ax \leq b \quad \Leftrightarrow \quad y \geq 0 \quad \Leftrightarrow \quad y_i \geq 0 \quad \text{für alle } i \in \{1, 2, \ldots, m\}.$$

Wir können das gegebene Standardmaximumproblem also mit den Schlupfvariablen in folgendes Problem überführen:

Maximiere $\quad f(x_1, x_2, \ldots, x_n)$

unter den Nebenbedingungen
$$\begin{cases} x_1 \geq 0, \quad x_2 \geq 0, \quad \ldots, \quad x_n \geq 0, \\ y_1 \geq 0, \quad y_2 \geq 0, \quad \ldots, \quad y_m \geq 0, \\ y_1 + a_{11}x_1 + a_{12}x_2 + \cdots + a_{1n}x_n = b_1, \\ y_2 + a_{21}x_1 + a_{22}x_2 + \cdots + a_{2n}x_n = b_2, \\ \quad \vdots \\ y_m + a_{m1}x_1 + a_{m2}x_2 + \cdots + a_{mn}x_n = b_m. \end{cases}$$
(4.4)

In der Kurzschreibweise aus Bemerkung 4.4.(2) können wir dies ausdrücken als

Maximiere $\quad f(x)$

unter den Nebenbedingungen $\quad \begin{cases} x \geq 0, \quad y \geq 0, \\ y + Ax = b. \end{cases}$

Untersuchen wir nun dieses Problem statt des ursprünglichen Standardmaximumproblems, so benötigen wir dabei zwei neue Begriffe.

Definition 4.11

a) Ist $(y_1, \ldots, y_m, x_1, \ldots, x_n) \in \mathbb{R}^{m+n}$ so gewählt, dass (4.4) erfüllt ist, so nennen wir $(y_1, \ldots, y_m, x_1, \ldots, x_n)$ eine *zulässige Lösung* von (4.4).
b) Eine zulässige Lösung $(y_1, \ldots, y_m, x_1, \ldots, x_n)$ von (4.4) nennen wir *Basislösung* von (4.4), wenn mindestens n ihrer Einträge verschwinden.

Bemerkung 4.12

(1) Ein Vergleich der Definitionen zeigt, dass die Schlupfvariablen so eingeführt wurden, dass gilt:

– Ist $(y_1, \ldots, y_m, x_1, \ldots, x_n)$ eine zulässige Lösung von (4.4), so ist $(x_1, \ldots, x_n) \in D$. Umgekehrt können wir jedem $(x_1, \ldots, x_n) \in D$ eine zulässige Lösung zuordnen.
– Das Verschwinden eines Eintrags von $(y_1, \ldots, y_m, x_1, \ldots, x_n)$ entspricht genau der Gleichheit in einer der Ungleichungen des ursprünglichen Problems. Ist also $(y_1, \ldots, y_m, x_1, \ldots, x_n)$ eine Basislösung von (4.4), so gilt Gleichheit in mindestens n der Ungleichungen (4.1), also ist $(x_1, \ldots, x_n)$ eine Ecke von D. Umgekehrt können wir jeder Ecke von D eine passende Basislösung zuordnen, indem wir die y_i so definieren, dass (4.2) erfüllt ist.

(2) Ein Beispiel für eine Basislösung von (4.4) erhalten wir, indem wir

$$y_1 = b_1, \quad y_2 = b_2, \quad \ldots, \quad y_m = b_m, \quad \ldots, \quad x_1 = 0, \quad \ldots, \quad x_n = 0,$$

setzen, indem wir also $(b_1, \ldots, b_m, 0, 0 \ldots, 0)$ betrachten. Die zugehörige Ecke von D ist $(0, 0, \ldots, 0)$. In dieser Ecke wird f allerdings kaum ihr Maximum annehmen, da wir aus der Linearität von f unmittelbar ablesen können, dass $f(0, 0, \ldots, 0) = 0$.

Mit Bemerkung 4.12 überlegen wir uns nun, dass wir statt der Frage nach einer Ecke von D, in der f ihr Maximum annimmt, die folgende Frage beantworten können:

Wie finden wir auf effiziente Weise eine Basislösung von (4.4), in deren zugehöriger Ecke f ihr Maximum auf D annimmt?

Ein Grund für die Einführung der Schlupfvariablen ist, dass es sich bei (4.2) um ein lineares Gleichungssystem mit m Gleichungen in den $m+n$ Variablen $y_1,\ldots,y_m, x_1,\ldots,x_n$ handelt, welches wir mit den Methoden aus Kap. 3 untersuchen können. Seine Koeffizientenmatrix lesen wir hierbei ab als

$$\widetilde{A} \in M(m \times (m+n)), \qquad \widetilde{A} = \begin{pmatrix} 1 & 0 & \ldots & 0 & a_{11} & a_{12} & \ldots & a_{1n} \\ 0 & 1 & \ldots & 0 & a_{21} & a_{22} & \ldots & a_{2n} \\ \vdots & \vdots & \ddots & \vdots & \vdots & \vdots & \ddots & \vdots \\ 0 & 0 & \ldots & 1 & a_{m1} & a_{m2} & \ldots & a_{mn} \end{pmatrix}.$$

Man sieht unmittelbar, dass $\widetilde{A}$ bereits in Zeilenstufenform vorliegt und dass rang $\widetilde{A} = m$. Mit Satz 3.50.b) folgern wir, dass das System (4.2) unendlich viele Lösungen besitzt, wobei wir wie in Abschn. 3.3 gesehen die Variablen $y_1,\ldots,y_m, x_1,\ldots,x_n$ hierbei in m Variablen und $n = (n+m)-m$ Parameter aufteilen können.

In der linearen Optimierung spricht man hierbei von der Aufteilung von $(y_1,\ldots,y_m, x_1,\ldots,x_n)$ in m *Basisvariablen* und n *Nichtbasisvariablen*. Jeder dieser Aufteilungen entspricht dabei eine Basislösung von (4.4), nämlich die, in der wir allen Nichtbasisvariablen den Wert 0 zuordnen und die Werte der Basisvariablen daraus berechnen.

Bemerkung 4.13 Wählen wir $y_1,\ldots,y_m$ als Basisvariablen und $x_1,\ldots,x_n$ als Nichtbasisvariablen so können wir die y_i mithilfe von (4.2) bezüglich der Parameter $x_1,\ldots,x_n$ darstellen als

$$y_i = b_i - a_{i1}x_1 - a_{i2}x_2 - \cdots - a_{in}x_n = b_i - \sum_{j=1}^{n} a_{ij}x_j$$

für alle $i \in \{1, 2, \ldots, m\}$, (4.5)

Für $x_1 = 0, x_2 = 0, \ldots, x_n = 0$ erhalten wir die in Bemerkung 4.12.(2) beschriebene Basislösung.

In der folgenden Definition wollen wir alle möglichen Einteilungen von $(y_1,\ldots,y_m, x_1,\ldots,x_n)$ in Basisvariablen und Nichtbasisvariablen gleichzeitig behandeln.

Definition 4.14 Angenommen, wir haben die Variablen $y_1,\ldots,y_m$, $x_1,\ldots,x_n$ in beliebiger Reihenfolge in $z_1,\ldots,z_m, w_1,\ldots,w_n$ umbenannt und betrachten $z_1,\ldots,z_m$ als Basisvariablen und $w_1,\ldots,w_n$ als Nichtbasisvariablen. Seien $d_1,\ldots,d_m \in \mathbb{R}$ und seien Koeffizienten $s_{ij} \in \mathbb{R}$ für

$i \in \{1, 2, \ldots, m\}$ und $j \in \{1, 2, \ldots, n\}$ so gewählt, dass die Basisvariablen aus den Nichtbasisvariablen durch

$$z_i = d_i - \sum_{j=1}^{n} s_{ij} w_j \qquad \text{für alle } i \in \{1, 2, \ldots, m\}, \qquad (4.6)$$

hervorgehen. Das zu dieser Wahl der Basisvariablen gehörende *Simplextableau* ist das tabellarische Zahlenschema

$$
\begin{array}{c|cccc|c}
 & w_1 & w_2 & \ldots & w_n & \\
\hline
z_1 & s_{11} & s_{12} & \ldots & s_{1n} & d_1 \\
z_2 & s_{21} & s_{22} & \ldots & s_{2n} & d_2 \\
\vdots & \vdots & \vdots & \ddots & \vdots & \vdots \\
z_m & s_{m1} & s_{m2} & \ldots & s_{mn} & d_m \\
\hline
 & -e_1 & -e_2 & \ldots & -e_n & e_0,
\end{array}
\qquad (4.7)
$$

in dem die Zahlen $e_0, e_1, \ldots, e_n \in \mathbb{R}$ wie folgt definiert sind: setzen wir für die gewählten Basisvariablen die Formeln (4.6) in $f(x_1, \ldots, x_n)$ ein, so erhalten wir

$$f(x_1, \ldots, x_n) = e_0 + \sum_{j=1}^{n} e_j \cdot w_j.$$

Beispiel 4.15 Wählen wir $y_1, \ldots, y_m$ als Basisvariablen und $x_1, \ldots, x_n$ als Nichtbasisvariablen, so lesen wir das zugehörige Simplextableau mit Bemerkung 4.13 ab:

$$
\begin{array}{c|cccc|c}
 & x_1 & x_2 & \ldots & x_n & \\
\hline
y_1 & a_{11} & a_{12} & \ldots & a_{1n} & b_1 \\
y_2 & a_{21} & a_{22} & \ldots & a_{2n} & b_2 \\
\vdots & \vdots & \vdots & \ddots & \vdots & \vdots \\
y_m & a_{m1} & a_{m2} & \ldots & a_{mn} & b_m \\
\hline
 & -c_1 & -c_2 & \ldots & -c_n & 0.
\end{array}
$$

Dieses Tableau wird auch das *Anfangstableau* des Problems genannt.

Die Einführung von Simplextableaus kommt an dieser Stelle noch sehr unmotiviert daher. Wir werden jedoch im Folgenden sehen, dass der Aufbau des Tableaus ein cleveres Rechenschema ermöglicht. Mit diesem Schema können wir beurteilen, wie bzw. ob sich die Basislösung, die zur betrachteten Einteilung in Basis- und Nichtbasisvariablen gehört, noch optimieren lässt.

Bemerkung 4.16 Ist ein Simplextableau wie in (4.9) gegeben, so lässt sich an diesem einiges ablesen:

(1) Bei der Basislösung, die zur Wahl von $z_1, \ldots, z_m$ als Basisvariablen gehört, hat die zugehörige Ecke den Funktionswert e_0.
(2) Gibt es ein $j \in \{1, 2, \ldots, n\}$, sodass $-e_j < 0$, also $e_j > 0$, so nimmt f in dieser Ecke *nicht* ihr Maximum auf D an. Würden wir in dieser Ecke nämlich statt $w_j = 0$ einen positiven Wert für w_j wählen, so würde sich wegen $e_j > 0$ ein größerer Funktionswert von f ergeben.
(3) Ist $-e_j \geq 0$, also $e_j \leq 0$, für alle $j \in \{1, 2, \ldots, n\}$, so lässt sich der Wert von f nicht mehr vergrößern, da der Funktionswert bei jeder Wahl eines positiven Wertes für eines der w_j kleiner werden würde.

Mit den Beobachtungen aus Bemerkung 4.16 werden wir in mehreren Schritten eine Einteilung in Basis- und Nichtbasisvariablen herleiten, die uns schließlich das gesuchte Maximum liefert und bei der wir uns an den Formalismus der Simplextableaus halten werden. Uns schwebt dabei folgende Vorgehensweise vor:

- Beginne mit einer beliebigen Auswahl von Basisvariablen, zum Beispiel $y_1, \ldots, y_m$. Untersuche, ob f bereits in der zur entsprechenden Basislösung gehörenden Ecke ihr Maximum auf D annimmt. Falls nicht, so fahre fort.
- Führe einen „Variablentausch" durch, indem eine der Basisvariablen durch eine Nichtbasisvariable ersetzt wird, *sodass die Basislösung, die zur neuen Wahl der Basisvariablen gehört, einen größeren Funktionswert hat.*
- Falls f in der Ecke, die zu der entsprechenden Basislösung gehört, noch *nicht* ihr Maximum auf D annimmt, tausche eine weitere Basisvariable mit einer Nichtbasisvariablen und führe die analogen Schritte durch.

Die notwendigen Informationen über die Funktionswerte lassen sich am Simplextableau ablesen. Der Knackpunkt ist hierbei der kursiv geschriebene Teil des zweiten Stichpunktes. Wie wählt man die Variablen so, dass sich der Funktionswert der entsprechenden Basislösung vergrößert? Um dieses Problem mithilfe von Simplextableaus in Angriff zu nehmen, untersuchen wir zunächst, wie sich das Simplextableau einer bestimmten Wahl von Basis- und Nichtbasisvariablen verändert, wenn wir wie oben beschrieben, zwei Variablen tauschen. Um die ungefähre Situation zu entstehen, wollen wir uns dies zunächst an einer konkreten Einteilung der Variablen veranschaulichen.

Seien wieder $y_1, \ldots, y_m$ die Basisvariablen und $x_1, \ldots, x_n$ die Nichtbasisvariablen. Dann können wir die y_i wie in (4.5) durch die x_j ausdrücken.

Nehme nun an, wir wollen für ein konkretes $k \in \{1, 2, \ldots, m\}$ und ein konkretes $\ell \in \{1, 2, \ldots, n\}$ die Variablen y_k und x_ℓ miteinander austauschen, d. h., wir wollen x_ℓ als Basisvariable und y_k als Nichtbasisvariable betrachten. Nehme dabei an, dass für die Koeffizienten aus (4.5) gelte, dass $a_{k\ell} \neq 0$. Dann beobachten wir:

$$y_k = b_k - \sum_{j=1}^{\ell-1} a_{kj} x_j - a_{k\ell} x_\ell - \sum_{j=\ell+1}^{n} a_{kj} x_j \quad \Big| + a_{k\ell} x_\ell - y_k$$

$$\Leftrightarrow \quad a_{k\ell} x_\ell = b_k - \sum_{j=1}^{\ell-1} a_{kj} x_j - y_k - \sum_{j=\ell+1}^{n} a_{kj} x_j \quad \Big| : a_{k\ell}$$

$$\Leftrightarrow \quad x_\ell = \frac{b_k}{a_{k\ell}} - \sum_{j=1}^{\ell-1} \frac{a_{kj}}{a_{k\ell}} x_j - \frac{1}{a_{k\ell}} y_k - \sum_{j=\ell+1}^{n} \frac{a_{kj}}{a_{k\ell}} x_j. \qquad (4.8)$$

Diese Gleichung stellt nun die „neue" Basisvariable x_ℓ bezüglich der „neuen" Nichtbasisvariablen $x_1, \ldots, x_{\ell-1}, y_k, x_{\ell+1}, \ldots, x_n$ dar. Stellt man zu dieser Wahl das Simplextableau auf, so lässt sich aus (4.8) direkt die zu x_ℓ gehörende Zeile

	x_1	x_2	$\ldots$	$x_{\ell-1}$	y_k	$x_{\ell+1}$	$\ldots$	x_n	
	$\vdots$	$\vdots$	$\ddots$	$\vdots$	$\vdots$	$\vdots$	$\ddots$	$\vdots$	$\vdots$
x_ℓ	$\frac{a_{k1}}{a_{k\ell}}$	$\frac{a_{k2}}{a_{k\ell}}$	$\ldots$	$\frac{a_{k(\ell-1)}}{a_{k\ell}}$	$\frac{1}{a_{k\ell}}$	$\frac{a_{k(\ell+1)}}{a_{k\ell}}$	$\ldots$	$\frac{a_{kn}}{a_{k\ell}}$	$\frac{b_k}{a_{k\ell}}$
	$\vdots$	$\vdots$	$\ddots$	$\vdots$	$\vdots$	$\vdots$	$\ddots$	$\vdots$	$\vdots$

ablesen. Da wir bereits eine Darstellung der y_i durch die x_j kennen, können wir die oben erhaltene Formel für die neue Basisvariable x_ℓ einsetzen, um eine Formel (4.8) für die Darstellung der y_i, wobei $i \neq k$, durch die neuen Nichtbasisvariablen $x_1, \ldots, x_{\ell-1}, y_k, x_{\ell+1}, \ldots, x_n$ zu erhalten. Genauer erhalten wir

$$y_i = b_i - \sum_{j=1}^{\ell-1} a_{ij} x_j - a_{i\ell} x_\ell - \sum_{j=\ell+1}^{n} a_{ij} x_j$$

$$= b_i - \sum_{j=1}^{\ell-1} a_{ij} x_j - a_{i\ell} \cdot \left(\frac{b_k}{a_{k\ell}} - \sum_{j=1}^{\ell-1} \frac{a_{kj}}{a_{k\ell}} x_j - \frac{1}{a_{k\ell}} y_k - \sum_{j=\ell+1}^{n} \frac{a_{kj}}{a_{k\ell}} x_j \right)$$

$$- \sum_{j=\ell+1}^{n} a_{ij} x_j$$

Würden wir hier nun die mittlere Summe ausmultiplizieren und die Koeffizienten, die vor denselben Nichtbasisvariablen stehen, zusammenfassen, so könnten wir aus den erhaltenen Werten die zu y_i gehörende Zeile im neuen Simplextableau ablesen. Wir werden diese Rechnung nicht zu Ende durchführen, sondern fassen stattdessen die Veränderungen am Simplextableau, die man durch einen Tausch von Basis- und Nichtbasisvariable erhält, in den folgenden Rechenregeln zusammen.

Rechenregeln 4.17 (Variablentausch in Simplextableaus). Sei ein Simplextableau wie in (4.9) gegeben und seien $k \in \{1, 2, \ldots, m\}$ und $\ell \in \{1, 2, \ldots, n\}$ so gewählt, dass $s_{k\ell} \neq 0$. Wollen wir die Rollen der Variablen z_k und w_ℓ miteinander tauschen, so nennen wir hierbei $s_{k\ell}$ das *Pivotelement*. Die Zeile und Spalte des Tableaus, in der $s_{k\ell}$ liegt, nennen wir auch *Pivotzeile* bzw. *Pivotspalte*.

Das durch Tausch der Variablen z_k und w_ℓ erhaltene Simplextableau ist gegeben durch

	w_1	$\ldots$	$w_{\ell-1}$	z_k	$w_{\ell+1}$	$\ldots$	w_n	
z_1	t_{11}	$\ldots$	$t_{1(\ell-1)}$	$t_{1\ell}$	$t_{1(\ell+1)}$	$\ldots$	t_{1n}	d'_1
$\vdots$	$\vdots$	$\ddots$	$\vdots$	$\vdots$	$\vdots$	$\ddots$	$\vdots$	$\vdots$
z_{k-1}	$t_{(k-1)1}$	$\ldots$	$t_{(k-1)(\ell-1)}$	$t_{(k-1)\ell}$	$t_{(k+1)(\ell+1)}$	$\ldots$	$t_{(k-1)n}$	d'_{k-1}
w_ℓ	t_{k1}	$\ldots$	$t_{k(\ell-1)}$	$t_{k\ell}$	$t_{k(\ell+1)}$	$\ldots$	t_{kn}	d'_k
z_{k+1}	$t_{(k+1)1}$	$\ldots$	$t_{(k+1)(\ell-1)}$	$t_{(k+1)\ell}$	$t_{(k+1)(\ell+1)}$	$\ldots$	$t_{(k+1)n}$	d'_{k+1}
$\vdots$	$\vdots$	$\ddots$	$\vdots$	$\vdots$	$\vdots$	$\ddots$	$\vdots$	$\vdots$
z_m	t_{m1}	$\ldots$	$t_{m(\ell-1)}$	$t_{m\ell}$	$t_{m(\ell+1)}$	$\ldots$	t_{mn}	d'_m
	$-e'_1$	$\ldots$	$-e'_{\ell-1}$	$-e'_\ell$	$-e'_{\ell+1}$	$\ldots$	$-e'_n$	e'_0,

(4.9)

wobei wir die Einträge durch folgende folgende Regeln erhalten:

(i) (Pivotelement) $\quad t_{k\ell} = \dfrac{1}{s_{k\ell}}$.
(Bilde den Kehrwert des alten Eintrags, also des Pivotelements.)

(ii) (Pivotzeile) $\quad t_{kj} = \dfrac{s_{kj}}{s_{k\ell}}$ für $j \neq \ell, \quad d'_k = \dfrac{d_k}{s_{k\ell}}$.
(Teile den alten Eintrag durch das Pivotelement.)

(iii) (Pivotspalte) $\quad t_{i\ell} = -\dfrac{s_{i\ell}}{s_{k\ell}}$ für $i \neq k, \quad -e'_\ell = \dfrac{e_\ell}{s_{k\ell}}$.
(Teile den alten Eintrag durch das Pivotelement und ändere das Vorzeichen.)

(iv) (Restliche Einträge) $\quad$ Falls $i \neq k$ und $j \neq \ell$ bilde

$$t_{ij} = s_{ij} - \frac{s_{i\ell} s_{kj}}{s_{k\ell}}, \quad d'_i = d_i - \frac{s_{i\ell} \cdot d_k}{s_{k\ell}}, \quad -e'_j = -e_j + \frac{e_\ell s_{kj}}{s_{k\ell}}, \quad e'_0 = e_0 - \frac{-e_\ell d_k}{s_{k\ell}}.$$

(*"Rechteckregel"*: *Multipliziere die Einträge aus Pivotspalte und -zeile, die in derselben Zeile bzw. Spalte wie s_{ij} stehen, miteinander. Teile das Ergebnis durch das Pivotelement und ziehe den Wert vom alten Eintrag ab.*)

Bemerkung 4.18 Zur Veranschaulichung des Namens „Rechteckregel" beachte man, dass die vier beteiligten Einträge des ursprünglichen Simplextableaus stets ein Rechteck bilden, wie man sich an folgender Skizze klarmacht:

$$
\begin{array}{c|ccccc}
 & \cdots & w_j & \cdots & w_\ell & \cdots \\
\hline
\vdots & \ddots & \vdots & \ddots & \vdots & \ddots \\
z_i & \cdots & s_{ij} & \cdots & s_{i\ell} & \cdots \\
\vdots & \ddots & \vdots & \ddots & \vdots & \ddots \\
z_k & \cdots & s_{kj} & \cdots & s_{k\ell} & \cdots \\
\vdots & \ddots & \vdots & \ddots & \vdots & \ddots \\
\end{array}
$$

Beginnend mit dem Anfangstableau aus Beispiel 4.15 tauschen wir nun Schritt für Schritt Variablen aus und brauchen dafür Kriterien, nach denen wir das Pivotelement geeignet auswählen können. Hierfür geht man nach dem sogenannten *Simplexalgorithmus* vor, dessen Herleitung den Rahmen dieses Buches sprengt.

Simplexalgorithmus für Standardmaximumprobleme

(1) Stelle das **Anfangstableau** des Problems auf.
(2) **Bestimmung der Pivotspalte:** Sind die ersten n Einträge der letzten Zeile alle nichtnegativ, so springe zu Schritt (7). Gibt es dort negative Einträge, so wähle ℓ, für das $-e_\ell \leq -e_j < 0$ für alle $j \in \{1, 2, \ldots, n\}$ gilt. (Gibt es mehrere Einträge mit dieser Eigenschaft, so wähle einen von ihnen aus.)
(3) **Abbruchkriterium:** Sind alle Einträge der ℓ-ten Spalte negativ oder null, so ist das Standardmaximumproblem unlösbar, sodass wir unsere Rechnung abbrechen können. Fahre ansonsten mit dem nächsten Schritt fort.
(4) **Bestimmung der Pivotzeile:** Gibt es einen positiven Eintrag in der ℓ-ten Spalte, so bestimme alle Quotienten der Form $\dfrac{d_i}{s_{i\ell}}$, für die $s_{i\ell} > 0$ gilt. Wähle $k \in \{1, 2, \ldots, m\}$ so, dass für alle diese i gilt,

dass
$$\frac{d_k}{s_{k\ell}} \leq \frac{d_i}{s_{i\ell}}.$$

(Gibt es mehrere Einträge mit dieser Eigenschaft, so wähle einfach ein geeignetes k aus.)

(5) **Variablentausch:** Stelle das Simplextableau auf, dass durch den Tausch der k-ten Basisvariable mit der ℓ-ten Nichtbasisvariable entsteht. Verwende dafür die Rechenregeln 4.17.

(6) Wende die Schritte (2), (3), (4) und (5) auf das neue Tableau an. Fahre auf diese Weise fort, bis nur noch nichtnegative Einträge in der letzten Zeile stehen.

(7) Der Eintrag ganz rechts in der letzten Zeile gibt nun den maximalen Wert von f und die Einträge in der letzten Spalte die Werte der Variablen der zugehörigen Basislösung.

Definition 4.19 Das Simplextableau, das in Schritt (7) des Simplexalgorithmus erreicht ist, in dem also nur nichtnegative Einträge in der letzten Zeile stehen, wird *Schlusstableau* des Standardmaximumproblems genannt.

Wir wollen nun den Simplexalgorithmus auf die beiden motivierenden Beispiele dieses Kapitels anwenden, deren Lösungen wir bisher nur grafisch abgelesen hatten.

Beispiel 4.20 Wir beginnen mit dem Beispiel aus Motivation 4.2, welches wir in Beispiel 4.5 schon in den Matrixformalismus überführt haben. Hier haben wir zwei Variablen und drei Restriktionen und erhalten das Anfangstableau

	x_1	x_2	
y_1	1	2	200
y_2	1	1	160
y_3	0	1	60
	-20	-30	0.

Als Pivotspalte wählen wir die zweite Spalte, da $-30 < -20$ in der letzten Zeile gilt. Zur Bestimmung der Pivotzeile berechne die Quotienten aus den Einträgen der dritten Spalte und denen, die in der zweiten Spalte in jeweils derselben Zeile stehen.

$$\frac{200}{2} = 100, \qquad \frac{160}{1} = 160, \qquad \frac{60}{1} = 60.$$

Damit ist der Quotient in der dritten Zeile am kleinsten, sodass wir diese als Pivotzeile und damit die 1 im y_3-x_2-Eintrag als Pivotelement wählen. Mit den Rechenregeln 4.17 erhalten wir als neues Simplextableau:

	x_1	y_3	
y_1	1	-2	80
y_2	1	-1	100
x_2	0	1	60
	-20	30	1800.

Da hier der einzige negative Eintrag der letzten Zeile in der ersten Spalte steht, ist diese im nächsten Schritt unsere Pivotspalte. Da

$$\frac{80}{1} = 80, \qquad \frac{100}{1} = 100,$$

ist der betreffende Quotient in der zweiten Zeile am kleinsten. Damit ist die 1 im y_1-x_1-Eintrag unser neues Pivotelement. Mit den Rechenregeln erhalten wir durch Variablentausch als neues Simplextableau:

	y_1	y_3	
x_1	1	-2	80
y_2	-1	1	20
x_2	0	1	60
	20	-10	3400.

Nun ist in der letzten Zeile ein negativer Eintrag in der zweiten Spalte, also ist noch ein Austauschschritt notwendig mit der zweiten Spalte als Pivotspalte. Hier sind die betreffenden Quotienten

$$\frac{20}{1} = 20, \qquad \frac{60}{1} = 60.$$

Damit ist der Quotient in der zweiten Zeile am kleinsten, sodass wir diese als Pivotzeile wählen. Das Pivotelement ist folglich die 1 im y_2-y_3-Eintrag und als neues Simplextableau erhalten wir:

	y_1	y_2	
x_1	-1	2	120
y_3	-1	1	20
x_2	-1	-1	40
	10	10	3600.

Nun stehen nur noch positive Zahlen in der letzten Zeile, sodass das Verfahren beendet ist. Damit lesen wir rechts unten ab, dass der maximale Wert von $f(x_1, x_2) = 20x_1 + 30x_2$ gegeben ist durch 3600 und das dieser zur Basislösung gehört, die durch

$$y_1 = 0, \quad y_2 = 0, \quad y_3 = 20, \quad x_1 = 120, \quad x_2 = 40,$$

gegeben ist. Für unser Standardmaximumproblem aus Motivation 4.2 folgt also, dass

$$\max_D f = f(120, 40) = 3600,$$

was mit dem grafisch abgelesenen Ergebnis aus Abschn. 4.1 übereinstimmt.

Bemerkung 4.21 Wir haben bereits besprochen, dass die Wahlen von Basis- und Nichtbasisvariablen mit den zugehörigen Basislösungen mit der Auswahl von Ecken des zulässigen Bereichs entsprechen. Der Simplexalgorithmus kann also anschaulich so interpretiert werden, dass wir mit jedem Variablentausch eine andere Ecke des zulässigen Bereichs wählen und dies so tun, dass der Wert der Zielfunktion stets größer wird.

Dies wollen wir uns geometrisch veranschaulichen. In Abb. 4.6 sind die Ecken des zulässigen Bereichs des Problems aus Motivation 4.2 mit den Buchstaben A bis E bezeichnet. Das Anfangstableau des Simplexalgorithmus in Beispiel 4.20 entspricht der Wahl von y_1, y_2 und y_3 als Basisvariablen. Die zugehörige Ecke ist daher durch $x_1 = 0$ und $x_2 = 0$ gegeben, es handelt sich also um die Ecke A, den Ursprung des Koordinatensystems.

Nach dem ersten Variablentausch wird x_2 zur Basisvariablen, die im Simplextableau den Wert 60 erhält, also ist die Ecke, die zur zugehörigen Basislösung gehört, durch $x_1 = 0$ und $x_2 = 60$ gegeben, es handelt sich also um die Ecke $E = (0, 60)$.

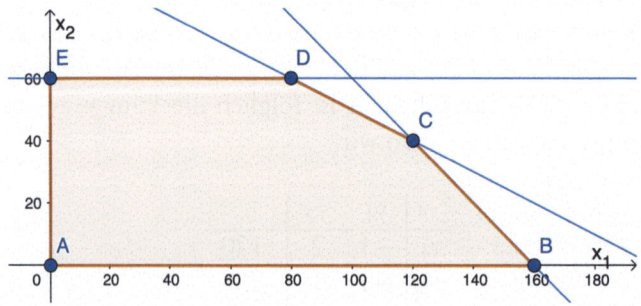

Abb. 4.6 Die Ecken eines Standardmaximumproblems am Beispiel von Motivation 4.2

Beim nächsten Variablentausch wird auch x_1 zur Basisvariablen und für die zugehörige Basislösung ist $x_1 = 80$, $x_2 = 60$. Diese entspricht also der Ecke $D = (80, 60)$.

Nach dem letzten Variablentausch bleiben x_1 und x_2 Basisvariablen und in der zugehörigen Basislösung ist $x_1 = 120$ und $x_2 = 40$. Dies entspricht der Ecke $C = (120, 40)$, in der die Zielfunktion ihr Maximum annimmt - was wieder mit der grafischen Lösung übereinstimmt.

Beispiel 4.22 Das Anfangstableau zum Problem aus Motivation 4.1 hat die Form

	x_1	x_2	
y_1	1	0	50
y_2	0	1	200
y_3	$\frac{1}{4}$	$\frac{1}{20}$	18
y_4	150	25	10.000
	-1000	-250	0.

Da $-1000 < -250$, wählen wir hier die erste Spalte als Pivotspalte. Die betreffenden Quotienten ergeben

$$\frac{50}{1} = 50, \qquad \frac{18}{0{,}25} = 72, \qquad \frac{10.000}{150} = \frac{200}{3} \approx 66{,}667.$$

Damit wählen wir die erste Zeile als Pivotzeile und folglich die 1 im y_1-x_1-Eintrag als Pivotelement. Wir erhalten als neues Simplextableau

	y_1	x_2	
x_1	1	0	50
y_2	0	1	200
y_3	$-\frac{1}{4}$	$\frac{1}{20}$	$\frac{11}{2}$
y_4	-150	25	2500
	1000	-250	50.000.

Nun ist in der letzten Zeile nur der zweite Eintrag negativ. Mit dieser als Pivotspalte betrachten wir für die zugehörigen Quotienten

$$\frac{200}{1} = 200, \qquad \frac{\frac{11}{2}}{\frac{1}{20}} = 110, \qquad \frac{2500}{25} = 100.$$

Also wählen wir die vierte Zeile als Pivotzeile und damit die 25 im y_4-x_2-Eintrag als Pivotelement. Als neues Simplextableau erhalten wir

	y_1	y_4	
x_1	1	0	50
y_2	6	$-\frac{1}{25}$	100
y_3	$\frac{1}{20}$	$-\frac{1}{500}$	$\frac{1}{2}$
x_2	-6	$\frac{1}{25}$	100
	-500	10	75.000.

Hier ist in der letzten Zeile der erste Eintrag negativ. Die betreffenden Quotienten ergeben

$$\frac{50}{1} = 50, \qquad \frac{100}{6} = \frac{50}{3} \approx 16{,}667, \qquad \frac{\frac{1}{2}}{\frac{1}{20}} = 10.$$

Daher wählen wir die dritte Zeile als Pivotzeile und somit die $\frac{1}{20}$ im y_2-y_1-Eintrag als Pivotelement. Das neue Simplextableau lautet

	y_3	y_4	
x_1	-20	$\frac{1}{25}$	40
y_2	-120	$\frac{1}{5}$	40
y_1	20	$-\frac{1}{25}$	10
x_2	120	$-\frac{1}{5}$	160
	10.000	-10	80.000.

Hier ist der einzige negative Eintrag der letzten Zeile in der zweiten Spalte. Wähle also diese als Pivotspalte und bestimme die zugehörigen Quotienten:

$$\frac{40}{\frac{1}{25}} = 1000, \qquad \frac{40}{\frac{1}{5}} = 200.$$

Also ist die zweite Zeile die Pivotzeile und $\frac{1}{5}$ im y_2-y_4-Eintrag ist das Pivotelement. Das neue Simplextableau lautet

	y_3	y_2	
x_1	4	$-\frac{1}{5}$	32
y_4	-600	5	200
y_1	-4	$\frac{1}{5}$	18
x_2	0	1	200
	6400	50	82.000.

Daraus lesen wir ab, dass der maximale Jahresgewinn bei 82.000 € liegt und, dass er erreicht wird, wenn $x_1 = 32$ Kühe und $x_2 = 200$ Schafe gehalten werden. Dies bestätigt unsere grafische Lösung aus Abschn. 4.1.

Mit mehr Zeit und mathematischem Aufwand lassen sich der Simplexalgorithmus und die damit verbundenen Methoden auch auf viel allgemeinere lineare Optimierungsprobleme anwenden, was jedoch in diesem Buch nicht behandelt werden soll. Werfen wir zu guter Letzt einen kurzen Blick auf die allgemeine (etwas angsteinflößende) Definition:

Definition 4.23 Ein *lineares Optimierungsproblem* ist eine Fragestellung der folgenden Form:

Sei $f: \mathbb{R}^n \to \mathbb{R}$ eine lineare Funktion, seien $m, p, q \in \mathbb{N}$ und $a_{ij}, \alpha_{k\ell}, \gamma_{rs} \in \mathbb{R}$ für alle $i \in \{1, 2, \ldots, m\}, k \in \{1, 2, \ldots, p\}, r \in \{1, 2, \ldots, q\}$ und $j, \ell, s \in \{1, 2, \ldots, n\}$. Seien zudem $b_1, \ldots, b_m, \beta_1, \ldots, \beta_p, \delta_1, \ldots, \delta_q \in [0, +\infty)$.

Maximiere/Minimiere $\quad f(x_1, \ldots, x_n)$

unter den Nebenbedingungen
$$\begin{cases} x_1 \geq 0, \ldots, x_n \geq 0, \\ a_{11}x_1 + a_{12}x_2 + \cdots + a_{1n}x_n \leq b_1, \\ \quad\vdots \\ a_{m1}x_1 + a_{m2}x_2 + \cdots + a_{mn}x_n \leq b_n, \\ \alpha_{11}x_1 + \alpha_{12}x_2 + \cdots + \alpha_{1n}x_n \geq \beta_1, \\ \quad\vdots \\ \alpha_{p1}x_1 + \alpha_{p2}x_2 + \cdots + \alpha_{pn}x_n \geq \beta_p, \\ \gamma_{11}x_1 + \gamma_{12}x_2 + \cdots + \gamma_{1n}x_n = \delta_1, \\ \quad\vdots \\ \gamma_{q1}x_1 + \gamma_{q2}x_2 + \cdots + \gamma_{qn}x_n = \delta_q. \end{cases}$$

Wieder nennen wir f die *Zielfunktion* und die Ungleichungen *Nichtnegativitätsbedingungen* und *Restriktionen* des Problems.

Allgemein werden also Restriktionen zugelassen, in denen „$\leq$", „$\geq$" oder „$=$" gelten kann. Aufgrund der mathematischen Komplexität dieses allgemeinen Problems haben wir hier nur Standardmaximumprobleme behandelt, die jedoch für viele typische Anwendungen aus der Produktionsplanung ausreichend sind.

4.3 Aufgaben zu Kap. 4

Aufgabe 4.1 In einem landwirtschaftlichen Betrieb sollen auf 10 ha Kartoffeln und Weizen angebaut werden. Hierbei werden pro Hektar Weizen 25 Arbeitsstunden und 60 kg Stickstoffdünger benötigt, während pro Hektar Kartoffeln 125 Arbeitsstunden und 100 kg Stickstoffdünger anfallen. Insgesamt stehen 650 Arbeitsstunden und 840 kg Stickstoffdünger zur Verfügung. Der Ertrag für einen Hektar Kartoffeln liegt bei 7500 €, der für einen Hektar Weizen bei 4500 €. Es soll der Gesamtertrag maximiert werden.

a) Formulieren Sie die Maximierung des Gewinns als ein Standardmaximumproblem.
b) Lösen Sie das Problem mit der grafischen Methode und interpretieren Sie das grafische Ergebnis. Woran liegt es, dass die Produktion nicht über diesen optimalen Punkt hinaus gesteigert werden kann?
c) Lösen Sie das Problem mit dem Simplexalgorithmus.

Aufgabe 4.2 Ein Betrieb stellt zwei Produkte P_1 und P_2 her, die auf vier verschiedenen Anlagen A_1, A_2, A_3 und A_4 gefertigt werden. Um ein Exemplar von P_1 herzustellen, werden eine Arbeitsstunde auf A_1, eine Arbeitsstunde auf A_3 und zwei Arbeitsstunden auf A_4 benötigt. Um ein Exemplar von P_2 herzustellen, werden eine Arbeitsstunde auf A_2, zwei Arbeitsstunden auf A_3 und eine Arbeitsstunde auf A_4 benötigt.

Insgesamt steht A_1 für 12 Arbeitsstunden, A_2 für 10 Arbeitsstunden, A_3 für 26 Arbeitsstunden und A_4 für 28 Arbeitsstunden zur Verfügung. Beide Produkte werden mit einem Gewinn von 200 € pro Exemplar verkauft. Die Produktion soll so gestaltet werden, dass der Gewinn maximiert wird.

a) Formulieren Sie dieses Problem als ein Standardmaximumproblem.
b) Lösen Sie das Problem mit der grafischen Methode und interpretieren Sie das grafische Ergebnis. Woran liegt es, dass die Produktion nicht über diesen optimalen Punkt hinaus gesteigert werden kann?
c) Lösen Sie das Problem mit dem enumerativen Ansatz, d. h., bestimmen Sie alle Ecken des zulässigen Bereichs und berechnen Sie die Gewinne in allen Ecken.
d) Lösen Sie das Problem mit dem Simplexalgorithmus.

Aufgabe 4.3 Lösen Sie das folgende Standardmaximumproblem mithilfe des Simplexalgorithmus:

Maximiere $\quad 8x_1 + x_2 + 2x_3$

unter den Nebenbedingungen
$$\begin{cases} x_1 \geq 0, \ x_2 \geq 0, \ x_3 \geq 0, \\ 4x_1 + 7x_2 + x_3 \leq 4, \\ 3x_1 + 12x_2 + 8x_3 \leq 34, \\ 11x_1 + 5x_2 + x_3 \leq 10. \end{cases}$$

Stichwortverzeichnis

A

Abbildung, 39
   Verkettung, 49
Ableitung, 61
   höhere, 74
   partielle, 79
   partielle zweiter Ordnung, 81
   Regeln, 63
Anfangstableau, 163
Äquivalenzpfeil, 10

B

Barwert, 20
Basis, 120
Basislösung, 161
Basisvariable, 162
Betrag einer Zahl, 44
Binomialkoeffizient, 17
Binomialsatz, 17
Binomische Formeln, 9
Bruchrechnung, 9

D

Definitionsbereich, 40
Determinante, 139
   Regel von Sarrus, 139
Differenz von Mengen, 7
Differenzierbar, 61
   partiell, 79
Dimension, 120
Doppelsumme, 19

E

Elementare Zeilenumformung, 121
Endwert, 20
Eulersche Zahl, 53
Exponentialfunktion, 53
   zu gegebener Basis, 55

F

Fakultät einer Zahl, 16
Fallend
   monoton, 68
   streng monoton, 68
Funktion, 40
   Graph einer reellen, 41
   in mehreren Variablen, 41
   rationale, 43
   reelle, 41
   stetige, 59
   Zielfunktion, 151

G

Gauß'sche Summenformel, 18
Gauß'scher Algorithmus, 128
Geometrische Summenformel, 33
Gradient, 79
Grenzwert, 52
  einer Funktion, 59

H

Halbebene, 153
Hauptsatz der Differential- und Integralrechnung, 96
Hauptsatz der linearen Optimierung, 158

I

Integral einer Funktion, 91
Intervall, 6
Isoquante, 155

L

Lösungsvektor, 106
Linear unabhängig, 118
Lineare Interpolationsfunktion, 47, 92
Lineares Gleichungssystem, 102
  Anzahl der Lösungen, 126
  homogenes, 113
  inhomogenes, 113
  Lösungsverfahren, 136
Lineares Optimierungsproblem, 173
Linearkombination, 117
Logarithmengesetze, 57
Logarithmus
  Basiswechsel, 57
  natürlicher, 54
  zu gegebener Basis, 56
Lokale Extrema, 71
  Existenz, 72
  hinreichende Bedingung, 73, 76
  notwendige Bedingung, 73

Lokale Extrema in $\mathbb{R}^n$, 82
  hinreichende Bedingung für $n = 2$, 85
  notwendige Bedingung, 82

M

Matrix, 104
  Einheitsmatrix, 105
  erweiterte Koeffizientenmatrix, 125
  Hesse-Matrix, 141
  inverse, 137
  Koeffizientenmatrix, 106
  Nullmatrix, 106
  Zeilenstufenform, 123
Matrixprodukt, 111
Maximum, 70, 82, 150
  lokales, 71
Menge, 2
  leere, 4
Minimum, 71, 82, 150
  lokales, 71

N

Nichtbasisvariable, 162
Nichtnegativitätsbedingung, 151, 174

O

Oder, 6

P

Parameter, 132
Pivotelement, 123, 166
Polynom, 43
Potenz einer Zahl, 12
Potenzgesetze, 13
  verallgemeinerte, 55
Produktzeichen, 26

R

Rang einer Matrix, 123, 124
Restriktion, 151, 174

S

Satz von Schwarz, 82
Schlupfvariable, 159
Schlusstableau, 168
Schnittmenge von Mengen, 7
Sekante eines Graphen, 60
Signum-Funktion, 59
Simplextableau, 163
Skalar, 103
Stammfunktion, 95
Standardmaximumproblem, 150
    enumerative Lösung, 159
    grafische Lösung, 155
    Lösung mit dem Simplexalgorithmus, 167
    Schreibweise, 151
Steigend
    monoton, 68
    streng monoton, 68
Summenzeichen, 14

T

Tangente einer Funktion, 61
Tangentialebene, 85
Teilmenge, 4
Trapezregel, 93
    bei äquidistanter Unterteilung, 94

U

Umkehrfunktion, 50
Und, 6
Ungleichung, 10

Untervektorraum von $\mathbb{R}^n$, 114

V

Vektor, 103
    Einheitsvektor, 117
    Rechenregeln, 103
    Spaltenvektor, 104
    Zeilenvektor, 105
Vereinigung von Mengen, 7
Verzinsung
    geometrische, 22
    geometrische mit jährlichen Einzahlungen, 32
    lineare, 21
    stetige, 54
    unterjährige, 29
    variable geometrische, 25

W

Wertebereich, 40
Wurzel einer Zahl, 13
Wurzelgesetze, 13

Z

Zahlen
    ganze, 5
    natürliche, 5
    rationale, 5
    reelle, 5
Zeitwert, 20
Zinseszins, 25
Zinsfuß, 21
    interner, 27
Zinssatz, 21
    effektiver, 27

The manufacturer's authorised representative in the EU is Springer Nature Customer Service Centre GmbH, Europaplatz 3, 69115 Heidelberg, Germany. If you have any concerns regarding our products, please contact ProductSafety@springernature.com

Printed and bound by CPI Group (UK) Ltd, Croydon, CR0 4YY

26/03/2026

02078943-0007